高校转型发展系列教材

After Effects CC
影视后期特效创作教程

刘新业 孙琳琳 编著

清华大学出版社
北京

内 容 简 介

本书详细介绍了影视后期特效合成软件 After Effects CC 的各项功能、操作流程和制作技巧。全书共分 12 章，第 1 章讲述了影视后期特效的基础知识，使读者对影视特效制作流程有初步的认识，第 2 章到第 11 章以理论知识和实例操作相结合的方式讲述 After Effects CC 的基本特效功能和制作技巧，第 12 章主要综合利用 After Effects CC 制作实例，其中主要内容包括蒙版和键控技术、三维空间效果等 After Effects CC 的实用特效使用技巧，通过选择有代表性的特效进行讲解并利用插件进行综合实例操作等方式，让读者能够直观地体会到该软件的强大功能。

本书附赠 1 张 DVD 光盘，提供了书中案例的源文件和教学视频，为读者学习提供方便。本书内容全面，通俗易懂，可作为各院校相关专业的教材使用，也适合作为影视特效工作者和广大爱好者的学习资料。

图书在版编目(CIP)数据

After Effects CC 影视后期特效创作教程 / 刘新业，孙琳琳 编著. —北京：清华大学出版社，2016
（2023.9重印）
（高校转型发展系列教材）
ISBN 978-7-302-44537-1

Ⅰ. ①A… Ⅱ. ①刘… ②孙… Ⅲ. ①图像处理软件—高等学校—教材 Ⅳ. ①TP391.41

中国版本图书馆 CIP 数据核字(2016)第 174428 号

责任编辑：李 磊
封面设计：常雪影
装帧设计：孔祥峰
责任校对：曹 阳
责任印制：沈 露

出版发行：清华大学出版社
网　　　址：http://www.tup.com.cn，http://www.wqbook.com
地　　　址：北京清华大学学研大厦 A 座　　　邮　　编：100084
社 总 机：010-83470000　　　邮　　购：010-62786544
投稿与读者服务：010-62776969，c-service@tup.tsinghua.edu.cn
质 量 反 馈：010-62772015，zhiliang@tup.tsinghua.edu.cn
课 件 下 载：http://www.tup.com.cn，010-62794504
印 装 者：三河市铭诚印务有限公司
经　　　销：全国新华书店
开　　　本：185mm×260mm　　　印　　张：17.75　　　字　　数：432 千字
　　　　　　（附 DVD 光盘 1 张）
版　　　次：2016 年 9 月第 1 版　　　印　　次：2023 年 9 月第 8 次印刷
定　　　价：59.00 元

产品编号：070180-03

高校转型发展系列教材 | 编 委 会

前　　言

美国 Adobe 公司推出的 After Effects 是影视和多媒体制作中一款非常优秀的后期特效合成软件，其强大的特效功能、实用的操作以及人性化的界面设置使其成为业界最受欢迎的后期特效合成软件之一，被广泛地应用于电影编辑、影视广告和多媒体制作领域。After Effects CC 不仅可以与 Adobe 公司的其他软件完美结合，而且兼容第三方插件，有成百上千的特效插件做支撑，使其功能更加完善和强大。

本书全面、细致地介绍了 After Effects CC 的各项功能和特效制作技巧，其内容从后期特效合成基础讲起，再到 After Effects CC 的实际操作流程，每一部分的内容讲解都采用操作与实例相结合的方式，使读者逐渐步入视觉丰富的动态影像制作中。本书主要内容包括关键帧动画的创建、三维空间的效果展示、蒙版与键控的实践操作以及大量的特效功能讲解与操作，采用循序渐进的方式，引导读者逐渐掌握 After Effects CC 的基本功能，启发读者将软件功能和实际应用紧密结合。在综合实例的选择中，不仅更多地应用了 After Effects 的插件，让读者能够一窥强大的后期特效插件，而且借鉴了国外的一些影视特效实例，充实本书的综合实例，使读者能够接轨最前沿的影视特效。

由于After Effects CC的汉化版本比较多，本书为了让读者更方便深入地了解After Effects CC的功能以及实际操作，特别采用软件的英文版本，同时结合中文进行讲解说明，使读者能从根本上了解软件的使用。本书内容全面，通俗易懂，适合作为广大影视特效工作者和爱好者的学习资料。

本书由刘新业、孙琳主编，郑雪寒、丁文豪等人也参与了本书的部分编写工作，在此特别表示感谢。由于 After Effects CC 版本应用非常广泛，而且功能非常全面，加之作者的能力、时间和精力所限，因此书中难免有疏漏和不足之处，敬请广大读者和同行批评指正。

本书赠送的 PPT 教学课件请到 http://www.tupwk.com.cn 下载。

编　者

前　言

目　　录

第 1 章

影视后期特效基础知识

1.1 了解影视后期特效

进入 21 世纪以来，随着科技的进步和发展，以互联网、手机为代表的新媒体传播形态发展迅猛，从好莱坞所创造的魔幻世界，到微电影在新媒体上的病毒式传播，再到铺天盖地的电视广告，影视文化已经开始逐渐渗透到我们生活的每个角落。与此同时，随着数字技术的成熟发展，个人电脑性能显著提高，价格不断降低，计算机逐渐取代了原来专业的价格昂贵的后期硬件设备，影视制作也开始揭开其神秘的面纱，逐渐进入广大爱好者的生活中。影视特效的后期制作逐渐从专业的影视制作领域扩大到影视广告、多媒体制作和新媒体等领域，更多的影视爱好者开始利用自己手中的计算机，制作体现自己创意的影视特效作品。

1.1.1 影视后期特效概貌

从理论上讲，影视制作主要分为前期创意、策划，中期具体拍摄和后期制作三个阶段。一部影视作品的创作主要来源于导演的创意思维，这个艺术构思贯穿了整个制作过程。前期策划和中期拍摄结束后，后期将会对拍摄的画面和搜集的视音频资料等素材进行艺术加工、组合，也就是进行后期编辑合成工作。

计算机技术的不断更新和发展，使影视特效制作开始从专业的硬件设备逐渐向软件应用转移，许多专业的影视后期特效制作软件开始移植到 PC 平台上，而且功能不断增强。进入 21 世纪，影视后期制作进入了一个全新的数字化领域，尤其是最具有发展前景的非线性编辑系统(NonLinear Editing System，简称 NLES)在影视后期制作中的应用，使影视后期特效的发展空间更为广阔。

1.1.2 影视后期特效的制作基础

影视后期特效是在后期制作过程中对画面进行特效艺术加工，因此，对色彩的处理和对图像的艺术加工是进行影视后期制作的基础。

1. 视觉色彩模式

在影视作品的实际拍摄及编辑过程中，尽管每一幅画面内部都可能包含成千上万的不同色彩，但由于红、绿、蓝三色刺激人眼三种感色单元，产生不同的色觉，因此，我们把红、绿、蓝称为影视色彩中的三基色。

三基色中每一个像素在每种颜色上都包含 2^8(即 256 色)种亮度级别，三种基色的混合比例决定着混合色的色调和饱和度，因此，在一幅图像中可以有 2^{24} 种不同的颜色，在理论上就可以还原自然界中所存在的任何颜色。在影像的拍摄和后期处理过程中，一般都把视觉色彩模式设为 RGB 模式，如图 1-1 所示。RGB 色彩模式通过调节红、绿、蓝三基色通道的数值，来调整色彩的色调和饱和度，其三基色的取值范围在 0~255 之间，当值都为 255 时，其亮度级别最高，图像显示为白色；反之，当值都为 0 时，其亮度级别最低，图像显示为黑色。

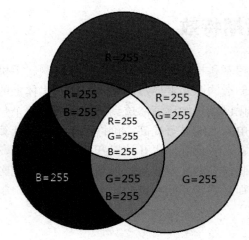

图 1-1　RGB 色彩模式

影视色彩中除常见的 RGB 色彩模式外，还有设计软件中常用的 HSB 色彩模式，如图 1-2 所示。HSB 色彩模式是根据日常生活中人眼的视觉特性而制定的，这种色彩模式基于大脑对色彩的直觉感知，首先是色相 H(Hue)，即红、橙、黄、绿、青、蓝、紫中的一个，然后是色彩的深浅度，即色彩饱和度 S(Saturation)和明度 B(Brightness)。色相表示色彩，在 0°~360°的标准色环上，按照角度值标识，例如 0°是红色，120°是绿色等。饱和度表示颜色的纯度，即色相中彩色成分所占的比例，从内向外饱和度逐渐增加，饱和度高，色彩比较艳丽；饱和度低，色彩就接近灰色。亮度表示颜色的明暗程度，通常是用从 0(黑)~100%(白)的百分比来度量的，亮度高，色彩明亮；亮度低，色彩暗淡，亮度最高为纯白，亮度最低为纯黑。

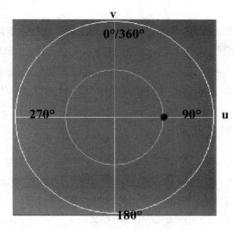

图 1-2　HSB 色彩模式

2. 电视制式

在彩色电视中，发送端和接收端都要采取特定的方法将三基色信号和亮度信号加以处理，这些不同的处理方法称为电视制式。目前世界上广为应用的有 3 种彩色电视制式，即 NTSC、PAL 和 SECAM，这三者对色差信号的处理方法明显不同。

1) NTSC 制式

NTSC 制式是由美国国家电视标准委员会(National Television Standards Committee)制定，主要应用于美国、加拿大、日本、韩国等国家。符合 NTSC 制式的视频播放设备至少拥有 525 行扫描线，工作时采用隔行扫描方式进行播放，帧速率为 29.97fps，分辨率为 720×480，每秒钟播放 60 场画面。

2) PAL 制式

PAL 制式也采用隔行扫描的方式进行播放，共有 625 行扫描线，分辨率为 720×576，帧速率为 25fps，每秒钟播放 50 场画面。PAL 彩色电视制式广泛应用于德国、中国、英国等国家。即使采用的都是 PAL 制式，不同国家和地区的电视信号也有一定的差别。例如中国大陆采用的是 PAL-D/K 制式，中国香港采用的 PAL-I 制式。

3) SECAM 制式

SECAM 制式是由法国制定的一种彩色电视制式，同样采用隔行扫描的方式进行播放，分辨率为 720×576，帧速率为 25fps。目前该制式主要应用于俄罗斯、法国、埃及等国家。SECAM 在色度信号的传输和调制方式上与前两者有很大的区别，因此兼容性相对较差，但彩色还原效果好，抗干扰能力强。

3. 高清的基础知识

近年来，随着视频设备制作技术的不断发展，"高清"的概念也逐渐流行开来。与此同时，针对高清进行编辑和后期特效制作的硬件和软件也在不断更新和发展中。下面来简要了解一下高清的基本概念。

1) 高清的概念

高清是人们针对视频画面质量提出的一个名词，物理分辨率达到720p(指视频的垂直分辨率为720线逐行扫描)以上统称为高清，简称HD(High Definition)，意为高分辨率。国际上公认的关于高清的标准有两条：视频垂直分辨率超过720p或1080i；视频宽高比为16：9。全高清(FULL HD)，是指物理分辨率高达1920×1080显示(包括1080i和1080p)，其中i(interlace)是指隔行扫描，p(progressive)是指逐行扫描。相对来说，逐行扫描在画面的精细度上要高于隔行扫描，即1080p的画质要胜过1080i。

2) 高清电视

高清电视又称为HDTV，有3种显示格式，分别是720p(1280×720p)、1080 i(1920×1080i)和 1080p(1920×1080p)。常见的电视播放格式主要有以下几种。

- D1 为 480i 格式，和 NTSC 模拟电视清晰度相同，行频为 15.25kHz，可见垂直扫描线为 480 线，帧宽高比为 4：3 或者 16：9，采用隔行扫描方式。
- D2 为 480P 格式，和逐行扫描 DVD 规格相同，行频为 31.5kHz，可见垂直扫描线为 480 线，帧宽高比为 4：3 或者 16：9，分辨率为 640×480。
- D3 为 1080i 格式，是标准数字电视显示模式，行频为 33.75kHz，可见垂直扫描线为 1080 线，帧宽高比为 16：9，分辨率为 1920×1080 i/60Hz。
- D4 为 720p 格式，是标准数字电视显示模式，行频为 45kHz，可见垂直扫描线为 720 线，帧宽高比为 16：9，分辨率为 1280×720 p/60Hz。
- D5 为 1080p 格式，是专业格式，可见垂直扫描线为 1080 线，帧宽高比为 16：9，分辨率为 1920×1080 逐行扫描。

所有能够达到 D3、D4、D5 播放标准的视频信号都可以纳入高清的范畴。

1.1.3　影视后期特效常见软件

影视后期特效软件一般运行在计算机硬件平台和操作系统上。随着数字技术的发展和用户需求的提高，用于进行影视后期特效制作的硬件和软件也在不断发展变化中，视音频编辑处理对专用器件的依赖性越来越小，软件的功能却越来越明显。下面介绍几种常见的后期特效软件。

1. After Effects

在影视特效、电视节目后期包装中，After Effects 是一款到现在为止使用最为广泛的后期合成软件。After Effects 是 Adobe 公司专门为影视视频特效而开发的高级后期合成软件，由于其不依赖于硬件而独立运行的兼容性，以及强大的特效功能，所以越来越广泛地应用于后期特效制作过程中。一般来讲，一家公司会把绝大部分精力投入到主软件平台的研发上，把软件扩展部分留给其他公司自主研发，这样能够集中精力，节省有限的资源，更为软件的发展增添了活力。

After Effects软件中就沿用了这种传统，是具有开放性结构的软件。它不仅保留了Adobe公司优秀软件的相互兼容性，而且还兼容可以增加或增强软件功能的插件应用程序。After Effects由于第三方开发的插件加盟，使其拥有了强大的插件支撑，大大加强了

After Effects的视频特效制作能力，而且也提供了强大的创意设计空间。通过灵活地运用它们，可以充分地表达作者的编辑意图和创意思想，更能制作出令人耳目一新的效果。After Effects的以下特性使它成为使用最广泛的合成软件。

- 与平面软件结合非常好，支持 Photoshop、Illustrator 等的文件格式。
- 使用简单，非常容易上手。
- 可以和任何动画软件兼容。
- 特效插件成百上千，非常适合制作一些绚烂的效果。
- 对硬件要求很低，并且图像处理速度比较快，适合做多层的合成效果。

2. Combustion

近些年来PC 硬件水平的提高使Discreet这样的高端软件制造商也开始发展PC平台的合成软件系统。2001 年Discreet推出了完整的PC平台合成软件 Combustion，它在推出之初就受到广大特效工作者的极大关注，当时被誉为PC平台上的 Flint，虽然Combustion和SGI平台的合成软件尚有差距，但是它可以和一些高端合成软件共用一些修改工具，Combustion制作的抠像和校色信息可以直接被这些高端软件识别。Combustion使用合成软件标准的黑灰界面，最大限度降低界面对色彩矫正的影响，人眼不容易产生视觉差，达到更为理想的校色结果，再加上Combustion本身的文字、跟踪、抠像、校色等功能，使Combustion成为一款理想实用的后期合成软件，而且Combustion可以使用 90%的 After Effects外挂插件，这使它的性能大大提高，甚至Combustion可以将After Effects内部特效功能也引进到软件内部使用，但是Combustion对硬件的要求要比After Effects高一些，这使得它的使用受到一定的限制。

除了常见的以上几种特效软件之外，还有其他一些后期合成软件。例如 Shake 被称为最有前途的特效合成软件，它的功能强大，同时还有许多自己的特色。该软件现已被苹果公司收购，同 Digital Fusion、Maya Fusion 一样采用面向流程的操作方式，提供了具有专业水准的校色、抠像、跟踪、通道处理等工具。另外，Commotion 是由 Pinnacle 公司出品的一套基于 PC 和 Mac 平台的特效合成软件，Commotion 在国内的用户较少。

1.2　After Effects 常见参数

1.2.1　After Effects 常见概念与术语

After Effects 对素材进行特效处理时，常涉及一系列的概念和专业术语，下面进行简单介绍。

1. 合成图像

合成图像(Composition)是 After Effects 中一个重要的概念和术语。在一个新项目中编辑和制作视频特效，首先要新建一个合成图像，在合成图像窗口中，可以对各种素材进行编辑和特效处理。合成图像与时间轴相对应，以图层为操作的基本单元，合成图像中可以含有任意多个图层。After Effects 允许一个工作项目中同时运行多个合成图像，每一个合成图像既可独立工作，又可以进行嵌套使用。

2. 图层

图层(Layer)是引入Photoshop中层的概念，使After Effects既可以非常方便地调入Photoshop和Illustrator中的层文件，也可以将视音频文件、文字和静态图像等其他文件作为图层显示在合成图像中。

3. 帧

帧(Frame)是传统影视和数字视频中的基本信息单元。我们在电视中看到的活动画面其实是由一系列的单个图片构成，相邻图片之间的差别很小。如果这些图片以高速播放，由于人眼的视觉暂留现象，我们感觉播放的这些连续图片是动态的，而且是连贯流畅的，这些连续播放的图片中的一幅就称为一帧。

4. 帧速率

帧速率(Frame Rate)即视频播放时每秒钟渲染生成的帧数。对于电影来说，帧速率是24帧/秒，对于 PAL 制式的电视系统来说，其帧速率是 25 帧/秒，而 NTSC 制式的电视系统，其帧速率为 30 帧/秒。由于技术的原因，NTSC 制式实际使用的帧速率是 29.97 帧/秒，而不是 30 帧/秒。因为在时间码与实际播放时间之间有 0.1%的误差，为了解决这个问题，NTSC 制式中设计有掉帧(Drop-Frame)格式，这样可以保证时间码与实际播放时间一致。

5. 帧尺寸

在电视机、计算机显示器等显示设备中，组成一帧帧图像内容的最小单位是像素，而每个像素则通常由 R、G、B 三基色的点组成。分辨率就是指屏幕上像素点的数量，通常以"水平方向像素数×垂直方向像素数"的方式来表示。帧尺寸(Frame Size)就是形象化的分辨率，指图像的长度和宽度。对于 PAL 制式的电视系统来说，其帧尺寸一般是 720×576，而 NTSC 制式的电视系统，其帧尺寸一般为 720×480。对于 HDV(高清晰度)来说，其帧尺寸一般为 1280×720 或 1440×1280。

6. 关键帧

关键帧(Keyframe)是编辑动画和处理特效的核心技术。关键帧记录动画或特效的特征及参数，中间画面的参数则由计算机自动运算并添加。

7. 场

场(Field)是电视系统中的另一个概念。电视机由于受到信号带宽的限制，以隔行扫描的方式显示图像，这种扫描方式将一帧画面按照水平方向分成许多行，用两次扫描来交替显示奇数行和偶数行，每扫描一次就称为一场。也就是说，一帧画面是由两场扫描完成的。因此，以 PAL 制式的电视系统为例，其帧速率是 25 帧/秒，则场速率就是 50 帧/秒。随着视频技术和逐行扫描技术的发展，场的问题已经得到了很好的解决。

8. 时间码

时间码是影视后期编辑和特效处理中视频的时间标准，通常用来识别和记录视频数据流中的每一帧，根据电影和电视工程师协会使用的时间码标准，其格式为小时：分钟：秒：帧（Hours:Minutes:Seconds:Frames）。例如一段 00:01:22:08 的视频素材，其播放的时间是 1 分钟 22 秒 8 帧。

9. 帧宽高比和像素宽高比

我们平常所说的 4：3 和 16：9 就是指视频画面的长宽比，也就是指组成每一帧画面的长宽比。而像素宽高比则是指帧画面内每一个像素的长高比，例如对于 PAL 制式的电视系统来说，帧尺寸同为 720×576 的图像而言，4：3 的单个像素长宽比为 1：1.067，而 16：9 的单个像素长宽比为 1：1.422。

10. Alpha 通道

Alpha通道是图形图像学中的一个名词，是指采用 8 位二进制数存储于图像文件中，代表各像素点透明度附加信息的专用通道。其中白色表示不透明，黑色表示透明，灰色则根据其程度不同而呈现半透明状态。Alpha通道常用于各种合成、抠像等创作中，是保存选择区域的地方。

1.2.2　常见的视频文件格式

After Effects 在导入素材和渲染生成时，各种视音频素材由于拍摄、制作和播放环境的不同，被分为许多种不同的格式，这里对 After Effects 制作过程中涉及的一些格式进行介绍。目前比较常见的视频文件格式如下。

1. AVI 格式

AVI(Audio Video Interleaved)是一种不需要专门硬件参与就可以实现大量视频压缩的数字视频压缩格式，是文件中音频与视频数据的混合，音频数据与视频数据交错存放在同一个文件中。在 Microsoft 公司的 Video For Windows 支持下，可以用软件来播放 AVI 视频信号，因此，它是视频编辑中经常用到的文件格式。

但是，有的视频采集卡采集后的数字视频也储存为 AVI 格式，由于它所用的压缩程序建立在采集卡压缩芯片的基础上，属于硬件压缩，只能在同一台电脑上或装备了同型号采集卡的电脑上才能播放和处理。

2. MOV 格式

QuickTime是Apple公司出版的数字视频格式，其数字视频文件的扩展名为“.mov”。QuickTime提供了两种标准的数字视频格式，分别是基于Indeo压缩法的MOV格式和基于MPEG压缩法的MPG格式。播放MOV和MPG格式，对系统的硬件要求较低。

3. MPEG 格式

MPEG 格式文件的平均压缩比为 50∶1，最高可达 200∶1，压缩率非常高，同时图像和声音的质量也很好，并且在 PC 上有统一的标准格式，兼容性好。MPEG-1 被广泛应用在 VCD 的制作和视频片断的下载方面，而 MPEG-2 则应用在 DVD 制作和高要求的视频图像。

4. WMV 格式

WMV 格式是一种独立于编码方式的在 Internet 上能够实时传播的多媒体技术标准。它们的共同特点是采用 MPEG-4 压缩算法，因此压缩率和图像的质量都很不错。

5. TGA 序列格式

TGA序列文件是一组由后缀为数字并且按照顺序排列组成的单帧文件组。在After Effects渲染输出TGA序列格式时，可以输出带有透明通道的视频文件，直接导入其他编辑软件中。同样，在After Effects导入TGA序列时，也可以直接放置在图层上方，显示出透明通道。

1.2.3　音频文件格式

目前比较常见的音频文件格式如下。

1. WAV 格式

WAV 是 Windows 记录声音用的文件格式。

2. MP3 格式

MP3 可以说是目前最为流行的音频格式之一，它采用 MPEG Audio Layer 3 的技术，将音乐以 1∶10 甚至 1∶12 的压缩率，压缩成容量较小的文件，压缩后的文件容量只有原来的 1/10 到 1/15，而音色基本不变。

3. MP4 格式

MP4 是在 MP3 的基础上发展起来的，其压缩比更大，文件更小，而且音质更好，真正达到了 CD 的标准。

第 **2** 章

After Effects的界面设置及基本操作

    After Effects 是主要的后期特效合成软件,它主要用于影视特效和电视片头、片花及短片的制作。它的创作流程基本按照以下步骤进行。

    (1) 在项目窗口中导入各类素材,并且管理导入的各类素材。

    (2) 创建 Composition(合成),将素材以图层的方式安排到 Timeline(时间轴)上。

    (3) 对图层的属性进行设置,创作动画或者添加特效处理等。

    (4) 预览合成图像,进行修改和调整操作。

    (5) 渲染输出视音频格式,以适应各种媒体的发布。

2.1　启动 After Effects CC

    启动 After Effects CC 可以选择 "开始>程序>After Effects CC"命令, 或者双击桌面上的 After Effects CC 快捷图标。After Effects CC 的启动根据系统配置和运行环境的不同,需要的时间也不尽相同,但均需要一定的启动时间,如图 2-1 所示为启动界面。

2.2　工作界面

    在启动 After Effects 后,将会有一个新项目自动建立。要进行影视效果制作,首先需要新建一个合成图像窗口。如图 2-2 所示为 After Effects 一个默认的工作界面。

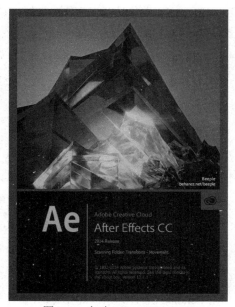

图 2-1　启动 After Effects CC

图 2-2　工作界面

After Effects CC 默认的工作界面主要包括菜单栏、工具栏、项目(Project)窗口、合成(Composition)预览窗口、时间轴(Timeline)窗口和各种窗口面板。

菜单栏中共包括 9 个菜单，分别是 File(文件)、Edit(编辑)、Composition(合成)、Layer(层)、Effect(特效)、Animation(动画)、View(显示)、Window(窗口)和 Help(帮助)。

2.3　设置工作区

2.3.1　设置不同的工作界面

After Effects CC 除默认的工作界面外，还可以根据自己的需要设置不同的预置工作界面，选择 Window(窗口)>Workspace(工作区)命令，弹出的子菜单如图 2-3 所示。

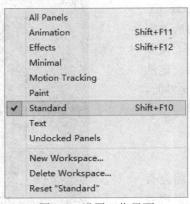

图 2-3　设置工作界面

工作区菜单功能如下。
- All Panels(全部面板)：将显示所有可用的面板。

- Animation(动画)：该工作界面适用于动画的制作。
- Effects(特效)：使用该工作界面可方便特效的调节。
- Minimal(简约)：该工作界面只显示合成预览窗口和时间轴窗口，方便图像预览的显示。
- Motion Tracking(动态跟踪)：该工作界面主要用于动态跟踪，对图像进行关键帧编辑处理。
- Paint(绘图)：该工作界面适用于绘图绘画操作。
- Standard(标准)：该界面为默认的 After Effects CC 工作界面。
- Text(文字)：适用于创建文本操作界面。
- Undocked Panels(解除面板停靠)：将解除 Info(信息)面板、Preview(预览)面板和 Effects & Presets(效果与预置)面板的停靠。
- New Workspace(新建工作区)：可以根据自己的需要设置工作区界面，然后进行保存设置，弹出如图 2-4 所示的对话框。

图 2-4　新建工作区

- Delete Workspace(删除工作区)：可以根据自己的需要删除认为不需要的工作界面，在如图 2-5 所示的对话框中进行设置。

图 2-5　删除工作区

- Reset "Standard"(重置工作区)：如果想恢复为初始默认的工作界面，可选择重置工作区，弹出如图 2-6 所示的对话框，单击 Yes 按钮去掉改变。

图 2-6　重置工作区

对于工作区界面的设置，还可以根据自己工作的实际需要，通过勾选面板选项进行添加或减少，如图 2-7 所示。

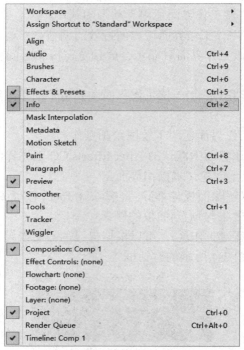

图 2-7　面板选项

2.3.2　自定义工作界面

After Effects CC 除自带的几种工作界面外，为方便操作者的使用，还可以将工作界面中的各个窗口、面板随意进行搭配，组成新的工作界面风格，并进行保存，方便以后使用。具体操作方法如下。

(1) 根据需要设置好适合自己的工作界面布局。

(2) 单击工具栏中 Workspace(工作区)右侧的按钮，在下拉菜单中选择 New Workspace (新建工作区)命令，如图 2-8 所示，弹出如图 2-9 所示的对话框，将其命名为"我的工作区"。

图 2-8　选择新建工作区

图 2-9　新工作区命名

(3) 在菜单栏中选择 Window(窗口)>Assign Shortcut to "我的工作区" Workspace(分配快捷键给"我的工作区")>Shift+F10(Replace "Standard")命令，如图 2-10 所示。这样就可

以将快捷键 Shift+F10 设置为"我的工作区"，替换原来的标准工作区。

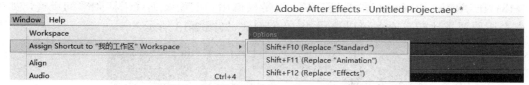

图 2-10　设置"我的工作区"快捷键

2.4　设置项目和基本参数

2.4.1　初始化设置项目

启动 After Effects CC 后，系统会自动建立一个新的项目文件，操作者可以根据自己工作的需要对项目文件进行一些常规的初始化设置，方便以后的项目操作。

(1) 在菜单栏中选择 File(文件)>Project Settings(项目设置)命令，弹出项目设置对话框，在项目设置中可以对 Timecode Base(时间码基准)进行调节，如图 2-11 所示。如果是电影格式就选择 24 fps，如果是 NTSC 制式，可以选择 30 fps 的 Drop-Frame(掉帧格式)。

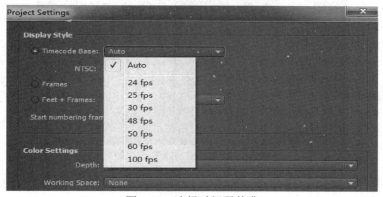

图 2-11　选择时间码基准

(2) 在通常情况下，使用 8 bits(比特)色彩深度基本就可以满足色彩的要求，如图 2-12 所示。

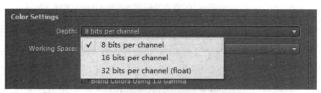

图 2-12　选择颜色深度

如果是电影胶片和高清电视的图像处理，对色彩深度有更高的要求。例如当使用到 RAW 文件时，建议在 Color Settings(颜色设置)中选择 16bits per channel(每通道 16 比特)；如果用到 HDR 文件时，建议采用 32 bits per channel(每通道 32 比特)，位数越高数据量越大，同样色彩也越丰富。

(3) 在 Audio Settings(音频设置)中，也是根据用户的需要进行采样频率的设置，如果对声音还原要求比较高时，可以选择 48.000 kHz，如图 2-13 所示。

图 2-13　设置音频采样频率

2.4.2　设置基本参数

项目设置结束后，选择Edit(编辑)>Preferences(属性)命令可以对一些基本参数进行设置，例如撤销恢复的次数，如图 2-14 所示。默认值为 32，数值越大，能撤销恢复的次数越多，但占用的内存会越多。反之，数值越小，占用内存越少，但能撤销恢复的次数越少。

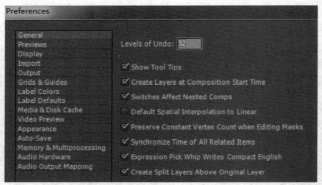

图 2-14　设置撤销恢复的次数

在属性中还可以选择自动保存，如图 2-15 所示。将自动保存时间设置为每 20 分钟保存一次，而且保留最后 5 次保存的项目文件，这样在编辑过程中就可以不必担心因为意外情况而造成的数据损失。但在设置存盘时间时应注意，不要将时间设置得太短，否则系统的运行会受到相应的影响。

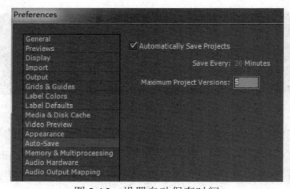

图 2-15　设置自动保存时间

2.5　窗口界面的基本操作

2.5.1　工具栏

　　在学习 After Effects 软件操作之前，首先要学习工具栏的使用，如图 2-16 所示。使用工具栏中提供的各种工具可以方便快捷地进行操作，提高工作效率。

图 2-16　工具栏

- (选择工具)：用于选择时间轴轨道上的素材。如需要选择多个素材时，可以在按住 Shift 键的同时单击素材，就能选取多个素材对象，在合成窗口中可以对素材进行移动。

- (手形工具)：用于移动时间轴或合成预览窗口中的内容。使用该工具时，将鼠标移动到时间轴窗口的素材上或合成预览窗口中，然后按住鼠标左键拖动，这样就可以移动时间轴窗口或合成预览窗口以实现平移视图。

- (缩放工具)：用于调节显示的时间单位。使用该工具时，只需将鼠标指针移动到合成预览窗口中，单击即可放大合成预览窗口。按住 Alt 键进行单击，则可以缩小合成预览窗口。

- (旋转工具)：只能在合成预览窗口中使用，可以对素材进行旋转操作。如果素材是三维图层对象时，可以先按下鼠标左键选择好相应的轴，然后决定旋转的方向。

- (摄像机工具)：新建摄像机后，使用此工具可以对摄像机进行控制操作。单击工具右下角的小三角，可弹出如图 2-17 所示的系列工具。选择 Unified Camera Tool 的时候，按住鼠标左键移动，可以将摄像机工具转变为 Orbit Camera Tool，控制摄像机沿着一个轨道运动。当按住鼠标中键移动时，可以将摄像机工具转变为 Track XY Camera Tool，控制摄像机沿 X 轴或 Y 轴的运动平移。当按住鼠标右键移动时，可以将摄像机工具转变为 Track Z Camera Tool，控制摄像机镜头沿 Z 轴运动，实现画面的放大和缩小。用户可以用这 3 个键来控制摄像机的水平移动、上下移动、旋转、放大缩小等运动，如果设置了关键帧，那么就可以控制它们的运动了。

- (轴心点工具)：用于改变图层轴心点的位置。

- (矩形工具)：可以建立矢量图形，按住 Shift 键，可绘制出正方形；按住 Ctrl 键，可以绘制以鼠标按下位置为中心点的矩形图形；按住 Shift+Ctrl 键，可以绘制以鼠标按下位置为中心点的正方形。单击工具右下角的小三角，可弹出如图 2-18 所示的系列工具，使用方法同矩形工具。

图 2-17　摄像机工具

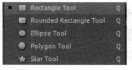

图 2-18　矩形工具

- ✒(钢笔工具)：用来绘制贝塞尔曲线。单击工具右下角的小三角，可弹出如图 2-19 所示的系列工具，其中包括绘制路径的✒Pen Tool(钢笔工具)，添加路径上控制点的✒Add Vertex Tool(添加锚点工具)，删除路径上控制点的✒Delete Vertex Tool(删除锚点工具)，以及转换路径上控制点为贝塞尔曲线的✎Convert Vertex Tool(转换锚点工具)。

图 2-19　钢笔工具

- **T**(文本工具)：通过它可以直接建立或者修改文本层，单击工具右下角的小三角，可弹出如图 2-20 所示的文本工具，包括输入水平排列文字的**T** Horizontal Type Tool(水平文字工具)和输入垂直排列文字的**T**Vertical Type Tool(垂直文字工具)。

图 2-20　文本工具

- ✒(画笔工具)：选择画笔工具，可弹出如图 2-21 所示的对话框。使用时必须在合成预览窗口中双击，进入图层预览窗口，在图层上进行绘制。

图 2-21　画笔工具设置参数

- ✤(克隆工具)：以克隆的方式对图层进行复制。用法与画笔工具类似，使用时需按住 Alt 键，选择需要复制的图像位置，松开 Alt 键后，在需要复制的位置拖曳鼠标左键进行克隆。
- ✐(橡皮擦工具)：使用方法同画笔工具，清除图层上不需要的内容。画笔工具、克隆工具和橡皮擦工具的具体功能与使用，类似于Photoshop中相应工具的功能和使用。
- ✦(木偶动画工具)：可以为任何图层添加生动的拟人角色动画，通过大头针工具来定义角色的骨架关节，对角色各部位的动画进行牵引。单击工具右下角的小三角，可弹出如图 2-22 所示的木偶动画工具，包括 Puppet Pin Tool(大头针工具)、Puppet Overlap Tool(层次叠加工具)和 Puppet Starch Tool(木偶固定工具)。

图 2-22　木偶动画工具

2.5.2　项目窗口导入素材

After Effects 作为一款影视后期合成软件，在进行特效处理之前，首先要将素材导入到项目窗口中。Project(项目)窗口是一个素材文件的管理器，主要用于素材的存放和管理，包括素材的显示、视音频信息的属性以及素材的分类整理等。After Effects 可以导入多种格式和类型的素材，如视频、音频、静帧图片、序列图片等。

1. 视频、音频、图片素材的导入

用户可以在项目窗口中直接导入视频、音频和静帧图片素材，具体方式如下。

- 菜单方式：选择 File (文件)>Import(导入)>File(文件)命令，从弹出的 Import File 对话框中找到所需的素材，单击"打开"按钮打开，如图 2-23 所示。
- 快捷菜单：在项目窗口素材区的空白区域单击鼠标右键，从弹出的快捷菜单中选择 Import(导入)>File(文件)命令，同样弹出如图 2-23 所示的对话框。
- 双击鼠标导入素材：需要时在项目窗口素材的空白区域双击，同样弹出如图 2-23 所示的对话框。
- 快捷键：直接在键盘上使用快捷键 Ctrl+I，同样弹出如图 2-23 所示的对话框。

图 2-23　导入素材对话框

如需要选择多个素材时，可以按住 Ctrl 键，同时单击多个需要的素材，单击"打开"按钮后，所选择的素材就直接导入项目窗口中。

用户将素材导入项目窗口中，并没有将素材真正地复制到这里，而只是建立了一个引用定位，一旦原素材被删除或移动位置，项目窗口中就无法正确显示。因为素材文件被编

辑处理时，只涉及对视频数据的索引编排，对数字视频的处理只是建立一个访问地址表，而不涉及实际的信号本身，所以素材被复制到硬盘上之后，尽量不要移动或删除素材，防止素材的位置改变之后，项目文件无法找到相应的地址表，寻找不到视频素材。如果素材文件一旦被移动过，而且用户需要重新找回原来的素材文件，可以在项目文件导入时，对素材文件进行重新定位，找到原来的素材文件重新导入。

2. 序列文件的导入

序列文件是由若干幅按照某种顺序命名排列的图片组成，每幅图片代表一帧画面。例如导入利用三维软件渲染生成的带有 Alpha 通道的动画序列图片(如".tga"".png"文件等)，以供后期合成时使用。还有一种情况是用相机拍摄的连续画面，在后期合成为活动影像。

导入时按照正常的操作方式进行设置，一定要勾选 Targa Sequence 选项，如图 2-24 所示。如果没有勾选此项，则导入的只是某一帧静态画面。如果导入的是用相机拍摄的连续画面，可通过选择 Edit(编辑)>Preferences(属性)>Import(导入)命令，设置每秒导入多少帧画面，对导入的序列文件设置帧速率，在项目中合成为活动影像，如图 2-25 所示。

图 2-24　导入序列图片

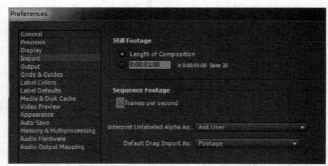

图 2-25　设置每秒导入帧数量

3. 导入带有图层的文件

After Effects 可导入 Photoshop 生成的 ".psd" 和 Illustrator 生成的 ".ai" 等含有图层的文件，而且可以保留文件中的所有信息。如图层、Alpha 通道、蒙版层等，如图 2-26 所示。

图 2-26　导入含图层的素材文件

- Footage(普通素材)：可选择 Merged Layers(合并图层)和 Choose Layers(选择某个特定图层)。
- Composition(普通合成)：文件中的层将转化对应到 After Effects 中的图层，最大可能地保留原文件的属性，但超出 psd 文件尺寸的图像数据将被裁切掉。
- Composition-Cropped Layers(层裁切合成)：After Effects 将以各个层的尺寸进行裁切，即使超出 ".psd" 文件尺寸的图像数据也会被完整保留。

在 After Effects CC 中导入 ".psd" 和 ".tga" 等含有透明背景信息(如带 Alpha 通道的背景图像)的图层或图像时，会弹出如图 2-27 所示的对话框，用户可以自定义图像中的透明信息。

图 2-27　自定义透明信息

Alpha 通道具体参数设置分别如下。

- Ignore(忽略)：忽略原文件的 Alpha 通道。
- Straight-Unmatted(直接-无蒙版)：将透明度信息保存在独立的 Alpha 通道中，即无蒙版通道，可以得到非常精确的去背景效果。如三维动画中带独立 Alpha 通道的".tga"序列图文件。此时有另一选项 Invert Alpha 可以反转图像的 Alpha 值，即原来透明的变为不透明，而原来不透明的变成透明。
- Premultiplied-Matted With Color(预乘-带背景色的蒙版通道)：将透明信息除保存在 Alpha 通道外，还保存在色彩通道 RGB 中，可以指定某种颜色作为透明色。

如果想将上述选择之一作为默认的导入方式，可以在 Preferences(属性)>Import(导入)>Interpret Unlabeled Alpha As(解释 Alpha 导入方式)菜单中选择其中一项作为默认导入方式，如图 2-28 所示，由此可以取消每次导入此类文件时的提示。

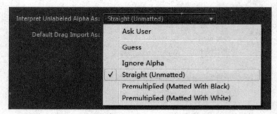

图 2-28　设置默认 Alpha 通道的导入方式

4. 导入文件夹

如果用户需要的素材集中存储在一个文件夹中，则可以通过导入文件夹的方式将所有的素材一次性全部导入，如图 2-29 所示。选择导入文件命令，调出 Import File 对话框，选择需要导入的文件夹，然后单击 Import Folder(导入文件夹)按钮(注意不能单击"打开"按钮)，即可将文件夹一次性导入项目窗口中。

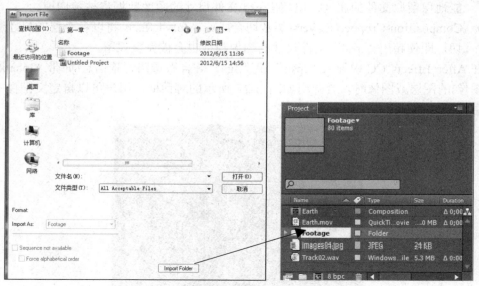

图 2-29　导入文件夹

2.5.3　新建合成

Composition(合成)是项目文件中的重要部分，新建一个合成后，会激活它的时间轴窗口，通过它实现视音频图像的动画设置、特效添加等艺术加工，最终将合成添加到渲染序列输出。

(1) 通过选择 Composition(合成)>New Composition(新建合成)命令，或者直接按快捷键 Ctrl+N，或者直接单击 Project(项目)窗口下方的 按钮，均能弹出如图 2-30 所示的对话框。

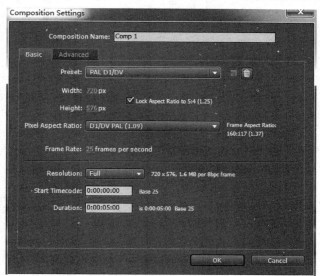

图 2-30　新建合成窗口

(2) 合成图像设置中 Basic(基本参数)含义如下。

- Preset(预置)：这里提供了许多影片的预置尺寸和其他相关设置。单击下拉三角按钮，可以在下拉菜单中选择预置的合成窗口，从 PAL、NTSC 制式的标准电视规格到 HDTV(高清晰电视)、Film(胶片电影)等常用的影片设置。如果想自定义影片规格，可选择 Custom(自定义设置)，通过 Width(宽)和 Height(高)设置自己需要的视频规格，如图 2-31 所示。

- Pixel Aspect Ratio(像素宽高比例)：用于设置像素的宽高比，在右侧的下拉菜单中选择预置的像素宽高比，如图 2-32 所示。在中国，如果所创作视频的输出目标是普通电视机，一般选择“D1/DV PAL(1.09)”普通视频或“D1/DV PAL Widescreen(1.46)”宽屏幕视频。如果输出目标是在计算机屏幕上，一般选择“Square Pixel(矩形像素)”。

- Frame Rate(帧速率)：设置合成图像中的帧速率。

- Resolution(分辨率)：分辨率设为 5 种，Full(完全质量)渲染合成图像中的每一个像素，质量最好，但渲染时间长，占用内存多；Half(1/2 质量)渲染合成图像中 1/4 的像素；Third(1/3 质量)渲染合成图像中 1/9 的像素；Quarter(1/4 质量)渲染合成图像中 1/16 的像素；Custom(自定义质量)可以在 Custom Resolution 中自定义分辨率。

图 2-31　预置影片尺寸

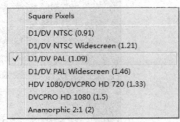

图 2-32　像素宽高比

(3) 合成图像设置中 Advanced(高级参数)如图 2-33 所示,具体参数如下。

● Anchor(轴心点):设置合成图像的轴心点,当合成图像的尺寸修改后,轴心点的位置决定了如何裁切或者扩大图像范围。

● Rendering Plug-in(三维渲染引擎):设置三维渲染引擎,分别是 Advanced 3D(高级三维渲染)、Standard 3D(标准三维渲染)和 OpenGL Hardware(硬件渲染),用户可以根据自己的显卡酌情使用。还可以通过 Options(可选选项)具体设置 Shadow Map Resolution(投影贴图分辨率质量)。

● Preserve frame rate when nested or in render queue(决定嵌套合成图像的帧速率):勾选此项,表示当前合成图像嵌套到另一个合成图像中后,仍然使用自己原有的帧速率;不勾选此项,表示当前合成图像嵌套到另一个合成图像中后,使用新合成图像的帧速率。

● Preserve resolution when nested(决定嵌套合成图像的分辨率):勾选此项,表示当前合成图像嵌套到另一个合成图像中后,仍然使用自己原有的分辨率;不勾选此项,表示当前合成图像嵌套到另一个合成图像中后,使用新合成图像的分辨率。

● Motion Blur(运动模糊):设置运动模糊的选项,其中包括 Shutter Angle(快门角度)和 Shutter Phase(快门相位),当运动模糊效果打开之后,这两项分别决定模糊的程度和模糊的方向。

● Samples Per Frame(每帧采样率):用来控制三维图层、矢量图层和一些特效的动态模糊采样率,即设置动态模糊的质量、精细程度等。

- Adaptive Sample Limit(优化采样率上限)：设置优化采样率上限，可以在处理动态模糊时自动采取更多的采样率，使动态模糊效果更细腻。

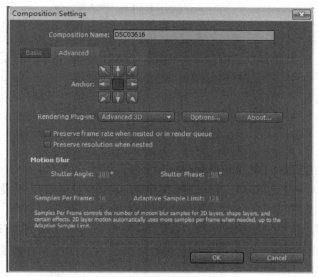

图 2-33　设置高级参数

2.5.4　合成图像时间轴窗口工具

当完成 Composition(合成)的新建后，便激活了 Timeline(时间轴)窗口和预览窗口。时间轴窗口主要是用来将项目窗口中的各个素材按照一定的时间起始、层次叠放，实现特效合成和动画制作，主要分为两大区域：控制栏区域和时间轴区域(时间轴区域主要有关键帧编辑环境和动画曲线编辑环境)。

1. 时间轴控制栏区域

时间轴控制栏区域显示如图 2-34 所示。

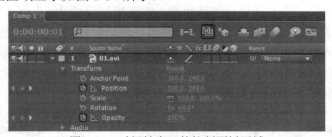

图 2-34　时间轴窗口的控制面板区域

由于显示范围有限，在默认情况下，After Effects 不显示全部控制栏，用户可以在标题面板的空白位置单击鼠标右键，在弹出的 Columns(显示栏)菜单中选择显示或隐藏当前面板，如图 2-35 所示。

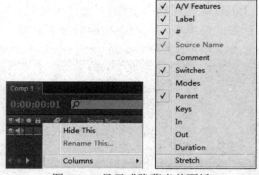

图 2-35　显示或隐藏当前面板

下面介绍控制栏工具的主要功能属性。

(1) ![A/V Feature图标](A/V Feature)：A/V功能栏中的工具按钮主要用于设置图层的显示或锁定，其中![眼睛图标]表示可视图层，选择关闭可隐藏相应的图层；![喇叭图标]表示音频，该图标仅在音频层中出现，单击该图层可关闭其音频输出；![圆点图标]表示独奏开关，打开该工具可隐藏所有非独奏的图层，只显示独奏图层的信息；![锁图标]表示锁定该图层，这样可以有效避免在创作过程中对独奏图层可能产生的误操作。

(2) ：标签功能，可使用不同的颜色标签来区分不同类型的图层。

(3) ：显示图层序号，图层的序号由上向下开始递增，图层的序号只代表该图层的位置，与实际内容无关。

(4) ：键功能，设置图层关键帧![关键帧图标]，单击中间的小菱形图标，可以添加或删除关键帧。当图层中关键帧较多时，可通过向前或向后的指示图标，跳转到前一个关键帧或后一个关键帧。

(5) ：开关功能，主要用于图层效果的转换设置。

● ：在时间轴窗口中，为了获取更多的操作空间，可以暂时将某些图层隐藏，被隐藏的图层仍然在合成图像中起作用，但在具体使用时，需要与时间轴窗口上方的![图标]图标配合使用。

● ：此工具只对矢量图层、嵌套图层或是 ".ai" 格式文件起作用。应用后，被嵌套的合成图像质量会明显提高，渲染时间会减少，但合成图像中的部分特效、蒙版会失去作用。因此，可以理解此功能为还原素材原属性开关。如图 2-36 为放大后的 ".ai" 格式文件，可以看出放大后的矢量图有些模糊，打开该图层的![图标]图标后，矢量图图像质量明显提高，如图 2-37 所示。

图 2-36　放大后的矢量图

图 2-37　打开卷展变化图标后的矢量图

- ◯ （图层画质设定）：设置素材在合成中的质量，◢在显示和渲染时采用反锯齿和子像素技术，图像质量最高；◣草图模式，不使用反锯齿和子像素技术，速度快，但质量较低。

- ◯ （特效启动开关）：激活此按钮将启用对此图层应用的所有特效，关闭此按钮将暂时关闭应用在该图层上的特效滤镜。

- ◯ （帧融合开关）：当素材帧速率低于合成图像帧速率时，可以在连续的两个画面之间加入中间融合图像而生成更柔和的过渡。例如将某段视频素材调成慢速播放时，由于帧画面没有增加，而只是将同样数量的帧画面分配到更长时间进行播放。如果视频画面的运动幅度过大，就会产生画面抖动的后果。为了对抖动画面进行平滑处理，一般采用帧融合技术，它主要是通过对前后画面进行差值运算，生成新的中间画面，来平滑视频图像中的运动效果。

- ◯ （动态模糊）：用于设置画面的运动模糊，主要是模拟快门效果。运动模糊主要是解决对静止画面设置动画时画面动作过于生硬的问题。利用运动模糊技术模拟真实的运动效果，只对 After Effects 等后期合成软件和三维动画软件里设置的静态画面运动有效，用于提高图像动画中的运动视觉效果，对动态的视频素材无效。

- ◯ （3D 图层）：三维环境操作图层。当为一个图层设置三维后，这个图层的属性就由原来的二维属性变为三维属性，可以受摄像机、灯光的影响，在三维场景中进行合成制作。

(6) Mode （模式）：用于设置图层之间的叠加效果或蒙版设置等图层特效。T 表示保持透明度，这个工具可以将当前层的下一层图像作为当前图层的透明蒙版。例如将一个如图 2-38 所示的文字图层放置在如图 2-39 所示的视频图层的下方。

图 2-38　文字图层

图 2-39　视频光效图层

(7) 单击视频图层 T 下面的 ▨ 图标，就可以将下层的文字图层作为该视频图层的蒙版，如图 2-40 和 2-41 所示。

图 2-40　使用保持下层透明度功能

图 2-41　实际效果

在 After Effects 中可以使用轨道蒙版功能，通过一个蒙版层的 Alpha 通道或亮度值定义其他层的透明区域。

(8) TricMat (轨道蒙版)：可以通过一个蒙版层的 Alpha 通道或亮度值定义其他层的透明区域。使用轨道蒙版是将上层图像作为该层的透明蒙版。仍然以图 2-38 和图 2-39 为例，但文字图层放在视频图层的上方，在轨道蒙版中选择 Alpha Matte "AE"，如图 2-42 所示，将上层文字图层的 Alpha 通道作为视频图像层的透明蒙版，实际效果与图 2-41 相同。

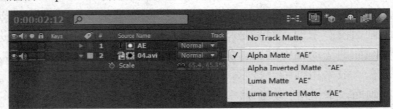

图 2-42　设置轨道蒙版

- No Track Matte：不使用蒙版。
- Alpha Matte "AE"：使用上层的 Alpha 通道作为当前蒙版。
- Alpha Inverted Matte "AE"：翻转上层的 Alpha 通道作为当前蒙版。
- Luma Matte "AE"：使用上层的亮度通道作为当前蒙版。
- Luma Inverted Matte "AE"：翻转上层的亮度通道作为当前蒙版。

(9) Parent (父子关系)：父子关系面板可以使一个子层继承一个父层的转换属性。当父层的属性改变时，子层的属性也会发生相应的改变。使用 ◎ 工具可以直接设置图层之间的父子层关系，选择一个图层作为子层，移动鼠标，拖出一条连线，然后移动到要作为父层的图层上，如图 2-43 所示。

图 2-43　建立父子关系

(10) In　Out　Duration　Stretch (素材时间控制工具)：可以设置素材的 In(入点)、Out(出点)、Duration(持续时间)和 Stretch(伸展)等。

2. 时间轴区域

时间轴区域主要有关键帧编辑环境和动画曲线编辑环境，可以通过 ▒▒ 按钮进行切换，如图 2-44 和图 2-45 所示。

图 2-44　关键帧编辑环境

图 2-45　动画曲线编辑环境

- 时间标尺：显示时间信息，默认情况下从 0 帧开始，当前时间指针指示当前的时间位置，如图 2-46 所示。时间标尺两端的滑块表示时间轴的开始与结束位置，即工作区域。工作区域是预览和渲染合成图像的范围依据。如果需要局部渲染时，可以调节滑块的位置，或者按快捷键 B 设置渲染开始的位置，按快捷键 N 设置渲染结束的位置，渲染就会在开始和结束之间的工作区域进行。

图 2-46　时间标尺

- 时间轴缩放滑块：如图 2-47 所示，单击  按钮缩小时间轴，单击  按钮放大时间轴，左右拖动三角形滑块同样可以对时间轴进行缩小和放大。同时，还可以通过快捷键"+"或"−"放大和缩小时间轴。

图 2-47　缩放滑块

2.5.5　预览窗口

将素材从 Project(项目)窗口放置到 Timeline(时间轴)窗口进行动画和特效制作时，必须结合预览窗口进行效果预览。同时有一些操作也需要在合成预览窗口中进行，例如建立和修改蒙版、建立文本、运动跟踪等。

1. Composition(合成)预览窗口

合成窗口主要是显示时间轴上添加的特效和动画等效果，预览窗口的具体工具如图 2-48 所示。

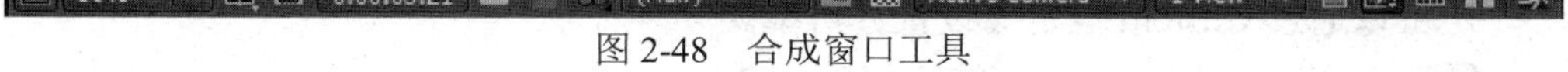

![合成窗口工具栏]

图 2-48　合成窗口工具

- 默认预览视图：在多视图情况下预览时，此按钮确定的视图为默认的动画预览视图。
-  放大和缩小预览视图：在弹出的下拉列表中选择适合显示区域的缩放比例。默认状态下选择 Fit Up to 100%(自动尺寸适配)，无论窗口如何调节，始终让视图以完整的形式出现。
- 安全区显示：单击右下方的小三角，弹出如图 2-49 所示的菜单，其中包括 Title/Action Safe(安全框显示)、Proportional Grid(比例网格)、Grid(网格)、Guides(参考线)、Rulers(标尺)和 3D Reference Axes(三维轴向参考显示)6 个参考选项。

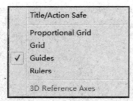

图 2-49　显示安全区选项

- 显示蒙版边缘：切换是否显示蒙版边缘的贝塞尔曲线。
- 0:00:00:00 当前时间：显示当前画面所在的时间位置。
- 快照/显示快照按钮：当对不同帧或画面的不同效果进行对比时，After Effects 提供的快照功能是非常有用的显示工具。使用相机工具可以将当前合成图像中的画面拍摄为快照，同时存储到内存中。单击显示快照按钮可以显示最后拍摄的快照。After Effects 最多可以存储 4 张快照画面，可以通过快捷键拍摄快照和显示快照，拍摄的快捷键是从 Shift+F5 到 Shift+F8，调用显示快照则依次是 F5 到 F8 这 4 个键。
- RGB 和 Alpha 通道开关：单击右下方的小三角，弹出如图 2-50 所示的菜单，选择相应的颜色就可以分别查看 Red、Green、Blue 和 Alpha 通道，在窗口的边缘可以看到当前色彩通道的颜色线，配合 Colorize 可以使用自身的颜色显示单独的 R、G、B 通道，而不是用灰度图显示。

图 2-50　RGB 和 Alpha 通道开关

- (Half) 预览分辨率设置：单击右下方的小三角，可以弹出分辨率设置的菜单栏，分别是 Full(完全质量)、Half(1/2 质量)、Third(1/3 质量)和 Quarter(1/4 质量)。同时，还可以通过 Custom 自定义设置分辨率。
- 区域渲染：仅渲染选定的某部分区域。
- 透明网格显示背景。
- Active Camera 视图选择：单击右下方的小三角，可以弹出如图 2-51 所示的菜单。当需要改变当前激活的视图角度时，可以从菜单中选择 Active Camera(摄像机视图)、Front(前视图)、Left(左视图)、Top(顶视图)、Back(后视图)、Right(右视图)、Bottom(底视图)和 Custom View 的 3 个自定义视图。
- 1 View 多视图模式切换：单击右下方的小三角，可以弹出如图 2-52 所示的菜单栏，可以在预览窗口中同时显示多个视图。

图 2-51　视图选择

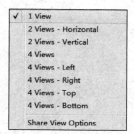

图 2-52　多视图模式切换

- ▤像素宽高比自动校正：启用此选项，可以将电脑和电视宽高比的问题实现自动校正，使不同宽高比的文件可以正常显示在电脑屏幕上。
- ▥快速预览渲染引擎：默认的是 OpenGL Interactive(交互式动态 OpenGL 渲染)。
- ▥激活时间轴窗口：激活与当前合成预览窗口相应的时间轴窗口。
- ▥切换到相应的 Flowchart 流程图显示窗口。
- ▥ +0.0 重置曝光按钮：可以通过数字的改变来调整曝光补偿，单击重置曝光按钮可以恢复视图的曝光补偿为原始状态。需要注意的是任何曝光度的调节只是在预览画面时有效，对于影片的最终渲染效果不起任何作用。如果想要使视频图像达到真正曝光补偿的效果，可以通过添加曝光调整特效实现，具体操作为选择 Effect(效果)>Color Correction(颜色校正)>Exposure(曝光调整)命令。

2. Layer(图层)预览窗口

图层窗口主要是针对素材的操作，包括画笔、克隆和橡皮擦工具的使用，以及跟踪效果等，其主要工具如图 2-53 所示。

图 2-53　图层预览窗口

具体含义在合成窗口中已经介绍过，这里不再赘述。

3. Flowchart(流程图)窗口预览

流程图窗口预览可以清晰地观察工具项目中各个元素之间的关系，这对于创作复杂的大型项目特别形象直观。而且用户还可以根据需要通过该窗口灵活地替换各种素材。

在项目窗口中选择某个合成图像，然后选择 Composition(合成)>Comp Flowchart View(合成图像流程图)命令，或通过项目窗口、合成预览窗口中单击▥图标，可以直接进入流程图窗口，单击合成图像上的加号即可展开整个项目流程图，如图 2-54 所示。

在流程图中选择某个元素后，项目窗口或合成窗口中的相应元素也会被自动选中。从项目窗口中拖曳某个素材到流程图窗口某图层图标上时，就可以实现素材元素的替换。

29

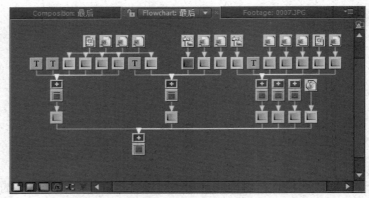

图 2-54　流程图窗口

2.5.6　了解面板的功能

1. Info(信息)面板

信息面板中能够呈现图层素材和合成图像的各种信息，包括位置、色彩和所选对象等，如图 2-55 所示。其中 R、G、B 和 A 分别表示在预览窗口中当前鼠标所在位置像素的红、绿、蓝等色彩信息和 Alpha 通道值，X、Y 值分别表示在预览窗口中鼠标 X 轴和 Y 轴的位置信息，所选对象的基本信息包括操作层的名称、持续的时间、编辑的入点和出点等信息。

2. Audio(音频)面板

通过音频面板可以在预览视频时看到音量的变化，如图 2-56 所示。音频面板左侧为音量表，音量表分为左右声道两部分，顶部的红色区域表示系统能处理的最高音量，右侧为音量调节滑块。

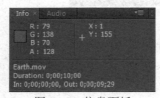

图 2-55　信息面板

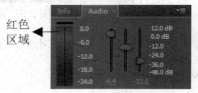

图 2-56　音频面板

3. Preview(预览)面板

通过预览控制面板可以实现播放预览，如图 2-57 所示。

- 步进：单击一次该按钮，时间指示器向右移动一帧，快捷键是 Page Up。
- 步退：单击一次该按钮，时间指示器向左移动一帧，快捷键是 Page Down。
- 播放：播放素材进行预览。
- 循环：单击此按钮，将循环播放素材，否则只播放一次就停止。
- 跳至起始位置：单击此按钮时间指针跳至时间起始处。
- 跳至结束位置：单击此按钮时间指针跳至时间结束处。
- 音频：决定是否播放音频。

- 内存预览播放：将工作区域内的合成影像载入内存中以便实时预览。
- RAM Preview Options：内存预览设置，可以通过按小键盘上的 0 键进行预览。
- Shift+RAM Preview Options：Shift+内存预览设置，可以通过按 Shift+小键盘上的 0 键进行预览。
- Frame Rate(帧速率)：用于指定内存预览时采用的帧速率。
- Skip(跳帧)：设置是否跳帧预览以及跳帧间隔数量。
- Resolution(分辨率)：设置内存预览时采用的分辨率。
- From Current Time(从当前时间处)：设置是否从当前时间指针处开始预览。
- Full Screen(全屏幕)：是否启用全屏幕预览方式。

4. Effects & Presets(效果与预置)面板

After Effects 主要制作影视特效，因此特效部分是其重要的一部分。After Effects 提供了许多预置的特效功能，如图 2-58 所示。用户可以直接调用这些现成的特效，当然这些特效也可以根据用户的需要进行手工修改，这些内容将在第 7 章文本特效中重点介绍，这里不再赘述。

图 2-57　预览面板

图 2-58　特效预置面板

After Effects 软件的功能非常强大，这一章只是按照制作流程中所涉及的窗口界面和功能进行阐述，随着后续影视特效的制作，将会不断接触到其他更多的窗口和功能面板。

読書筆记

第 **3** 章

图层的关系与基本操作

在 After Effects 的特效创作过程中，无论是合成图像，还是动画运动、特效创作等都离不开图层的应用。图层是学习 After Effects 的核心内容，对图层的操作是动画、特效创作的基础。

3.1　理解图层的概念

After Effects 引入了 Photoshop 中图层的概念，不仅能够导入 Photoshop 中产生的图层，而且可以在合成中创建图层。如果将图层想象为一张张纸叠加在一起，我们总是能够看到放置在最上面的，因此在图层的二维模式中，上层的图层总是优先显示在画面中，如果是透明的玻璃纸，那么我们就可以透过上面的透明部分，看到下层的内容，这样就可以将多个图层进行叠加，显示最终的实际效果，如图 3-1 所示。

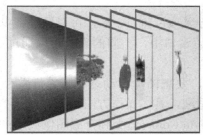

图 3-1　图层示意图

3.2　图层的基本管理

在 After Effects 中进行合成操作时，每个导入合成图像的素材都会以图层的形式出现，尤其是制作一个复杂的效果时，需要用到大量的图层。因此，为了使制作更顺利，需要了解图层的相关知识，方便对图层进行相应的管理。首先来了解图层的基本种类。

3.2.1 图层的种类与操作

在进行图层的基本操作之前，首先要新建一个合成图像，选择 Composition(合成)>New Composition(新建合成)命令，或者直接按快捷键 Ctrl+N，在弹出的对话框中选择合成图像的尺寸和时间，如图 3-2 所示。

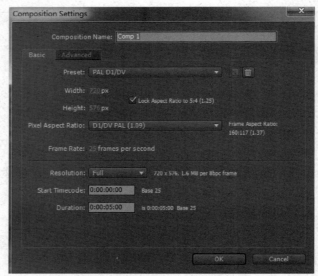

图 3-2　新建合成图像

如果要修改合成图像的参数，选择 Composition(合成)>Composition Setting(合成图像设置)命令，或按快捷键 Ctrl+K，可重新弹出如图 3-2 所示的合成设置窗口。

图层的种类有很多，这里介绍几种常见的图层。

1. 素材图层

素材包括视频、音频和各种图片。素材导入项目窗口中后，可以通过拖曳的方式导入合成图像的时间轴中，或直接拖曳到合成预览窗口中，不同的素材可以通过 Label(标签)的颜色进行区分。

如果导入的素材与合成图像尺寸不一致，要想图片或动态背景充满整个合成图像画面，可以选择自动调整图层尺寸与合成图像适配，具体操作方法如下。

● 选择 Layer(图层)>Transform(转换)>Fit to Comp(适配到合成图像尺寸)命令，或按快捷键 Ctrl+Alt+F。

● 选择 Layer(图层)>Transform(转换)>Fit to Width(适配到合成图像宽度)命令，或按快捷键 Ctrl+Alt+Shift+H。

● 选择 Layer(图层)>Transform(转换)>Fit to Height(适配到合成图像高度)命令，或按快捷键 Ctrl+Alt+Shift+G。

时间轴窗口中位于最上方的素材图层会显示在画面的最前面，单击鼠标左键拖动图层可以将其移动到目标位置。使用快捷键可以对当前图层进行移动和设置编辑入点和出点，如图 3-3 所示为剪切后的素材排列。

- 向上移动：Ctrl+]。
- 向下移动：Ctrl+[。
- 图层置顶：Ctrl+Shift+]。
- 图层置底：Ctrl+Shift+[。
- 剪辑素材的入点：Alt+[。
- 剪辑素材的出点：Alt+]。

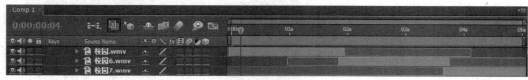

图 3-3　整理素材

2. 文字图层

选择工具栏中的文字工具，在合成预览窗口中单击，添加文字，在合成图像时间轴上就会自动新建一个文字图层，如图 3-4 所示。如果要设置文字属性可按快捷键 Ctrl+6，弹出如图 3-5 所示的面板。如果字体中无汉字字体显示，可单击文字设置属性右侧的小三角图标，在下拉列表中将 Show Font Name in English(用英文显示字体)的勾选取消，这样字体中的汉字字体就会以中文的方式显示出来。

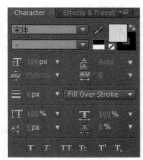

图 3-4　添加文字图层　　　　　　　　　　　图 3-5　设置文字属性

文字图层本身带有一个 Alpha 通道，因此将设计好的文字图层直接拖放到时间轴图层的上方，用户就可以直接在合成预览窗口中看到显示出背景的实际字幕效果。

3. 固态图层

固态图层通常是为了在合成图像中添加背景、创建文本或利用蒙版和图层属性建立图形等，固态图层建立后，可以对其进行普通层的所有操作。

选择 Layer(图层)>New(新建)命令，或在时间轴窗口的空白区域单击鼠标右键，选择New(新建)命令，弹出如图 3-6 所示的菜单，再选择 Solid(固态层)命令，或者直接按新建固态层的快捷键 Ctrl+Y，弹出如图 3-7 所示的对话框。

图 3-6　新建图层

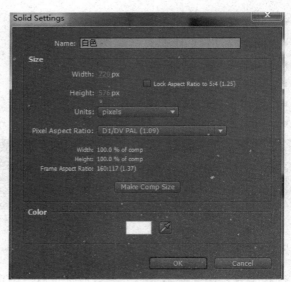

图 3-7　新建固态层

该对话框中的具体参数如下。

- Name(名称)：为固态层命名。
- Size(帧尺寸)：设置帧尺寸，包括 Width(宽度)和 Height(高度)、Pixel Aspect Ratio(像素比例)的设置。
- Make Comp Size：设置固态层尺寸与合成图像尺寸一致。
- Color：设置固态层的颜色。

4. 合并图层

After Effects 允许在一个项目里建立多个合成图像，而且允许合成图像作为一个图层导入到另一个合成图像中，这种方式称为嵌套。例如当合成图像 A 作为一个素材图层导入另一个合成图像 B 之后，对合成图像 A 所做的一切操作能直接在合成图像 B 中显示出来，而在合成图像 B 中，对 A 所做的操作则对合成图像 A 本身不产生任何影响。

After Effects也可以在一个合成图像中对所选定的某些图层进行嵌套，这种方式称为Pre-Compose(合并)，其原理与嵌套一致，含义类似于在Photoshop中对层进行合并，不同的是Photoshop中的拼合层不可逆转，而在After Effects中可以重新修改合并前的原图层。

框选时间轴窗口中需要合并的图层，选择 Layer(图层)>Pre-Compose(合并)命令，或直接按快捷键 Ctrl+Shift+C，弹出如图 3-8 所示的对话框。具体参数如下。

- New composition name：命名新建合并图层。
- Leave all attributes in 'Comp 1'：该选项表示合并图层后仍保留所选择图层的关键帧和属性，且合并图层的尺寸与所选图层的尺寸相同。
- Move all attributes into the new composition：该选项表示所选图层的关键帧和属性应用到合并图层中，且合并图层的尺寸与合成图像的尺寸相同。

图 3-8　合并图层

5. 空物体层

空物体层在 After Effects 中仅仅是特效制作过程中的一个辅助工具，本身没有实际意义，也不会在渲染中出现，其作用主要是把对应的图层和空物体层建立父子关系，由空物体层的属性变化控制对应图层的运动。例如控制摄像机的运动，可以建立一个空物体层，为空物体层添加运动关键帧，将摄像机与空物体层建立父子关系，这样就可以由空物体层的运动控制摄像机的运动。

具体操作如下。

(1) 在时间轴的空白区域单击鼠标右键，选择快捷菜单中的 New(新建)>Null Object(空物体层)命令，或者直接按新建空物体层的快捷键 Ctrl+Alt+Shift+Y，直接在时间轴窗口中添加一个空物体层。

(2) 为空物体层设置运动关键帧。

(3) 在时间轴的空白区域单击鼠标右键，选择快捷菜单中的 New(新建)>Camera(摄像机图层)命令，或者直接按新建摄像机的快捷键 Ctrl+Alt+Shift+C，直接在时间轴窗口中添加一个摄像机图层。

(4) 将空物体层与摄像机图层建立父子链接，一般空物体层为父层，摄像机为子层，如图 3-9 所示。这时摄像机的运动就由空物体层的运动所控制。除了不透明度外，图层的其余属性位移、旋转、缩放和轴心点等都可以进行父子链接。

图 3-9　空物体层与摄像机的父子链接

6. 调节层

在 After Effects 中对图层应用特殊效果，则该图层会产生一个效果控制。可以建立一个调节层，为其下方的层应用相同的效果，而不在下方层中产生效果控制，效果控制将依靠调节层来进行。调节层仅用来为图层应用效果，它不在合成图像窗口中显示。

具体操作如下。

(1) 激活一个合成图像时间轴窗口，添加素材到时间轴窗口中。

(2) 在时间轴的空白区域单击鼠标右键，选择快捷菜单中的 New(新建)>Adjustment Layer(调节层)命令，或者直接按新建调节层的快捷键 Ctrl+Alt+Y，直接在时间轴窗口中添加一个调节层。

(3) 选择调节层，单击鼠标右键，选择快捷菜单中的 Effect(效果)>Color Correction(颜色校正)>Curves(曲线)命令，调节色彩曲线，在合成预览窗口中可以看到所有的素材图层的颜色均发生了变化，在时间轴窗口中可以看到只有调节层上有 Curves(曲线)特效，如图 3-10 所示。

图 3-10　调节层的功能

除了以上介绍的图层之外，还有其他的图层。例如本书还会在第 6 章三维空间效果中学习摄像机图层和灯光图层，这里就不再赘述。

3.2.2　图层的基本属性

除单独的音频图层之外，其余各类型的图层都有 5 个基本属性变化，如图 3-11 所示。

图 3-11　图层的 5 个属性

1. Position(位移)属性

位移属性用来实现对图层位置的变换，普通二维图层是由 X 轴和 Y 轴两个参数组成，三维图层由 X 轴、Y 轴和 Z 轴三个参数组成。为方便地打开位移属性，可使用快捷键 P。

对位移属性设置关键帧，如图 3-12 所示，在图 3-13 中可以看到图层位移的运动轨迹。

图 3-12　设置位移属性关键帧

图 3-13　位移轨迹

2. Scale(缩放)属性

缩放属性用来实现对图层的缩放控制，其缩放中心点以轴心点为基准。普通二维图层是由 X 轴和 Y 轴两个参数组成，三维图层由 X 轴、Y 轴和 Z 轴三个参数组成。缩放属性中的链接图标表示等比例缩放，使用它可以断开 X 轴和 Y 轴之间的等比缩放，实现图层的变形缩放。为方便地打开缩放属性，可使用快捷键 S。

对缩放属性设置关键帧，在图 3-14 中可以看到图层缩放的实际效果。

图 3-14　图层缩放效果

3. Rotation(旋转)属性

旋转属性用于以轴心点为基准旋转图层。普通二维图层是由旋转圈数和旋转度数两部分组成。如果是三维图层，则旋转属性增加为 4 个：Orientation(定位旋转)可以同时设置 X、Y、Z 轴 3 个轴向，而 X Rotation(仅调整 X 轴向旋转)、Y Rotation(仅调整 Y 轴向旋转)、Z Rotation(仅调整 Z 轴向旋转)仅调整一个轴向。为方便地打开旋转属性，可使用快捷键 R。

旋转属性以轴心点为基准旋转，如果将轴心点放置在左下角，可以看到图层以左下角为轴心点进行旋转。对旋转属性设置关键帧，在图 3-15 中可以看到图层旋转的实际效果。

还可以利用工具面板中的旋转工具进行操作，拖动合成预览窗口中的句柄进行旋转，按住 Shift 键拖动鼠标，每次旋转 45°，按住 Shift 键的同时用数字键盘上的+和-，向前或向后旋转 10°。

图 3-15　旋转属性，轴心点在图层中间和左下角的对比

4. Anchor Point(轴心点)属性

After Effects 以轴心点为基准进行属性的设置，默认状态下轴心点在图层的中心点，可以对轴心点进行动画设置，随着轴心点位置的不同，图层的运动状态也会发生变化。图 3-15 中左侧的图片即是将轴心点移至左下角的位置进行旋转的演示。为了方便地打开轴心点属性，可使用快捷键 A。

还可以利用工具面板中的轴心点工具 ⊕ 进行操作，拖动合成预览窗口中的轴心点进行移动即可。注意轴心点的坐标是相对于层窗口，而不是相对于合成图像窗口。

5. Opacity(不透明度)属性

通过不透明度的设置，可以对图层设置叠加的效果。属性设置以百分比的数值方式调整图层的不透明度，从 0% 到 100% 的数值变化能够表现层从完全透明到完全不透明，当不透明度为 0% 时，图层完全透明，显示出下层的图像；当不透明度为 100% 时，图层完全不透明。由于图层的不透明度是基于时间轴的，因此只能在时间轴窗口中对其进行设置。为方便地打开不透明度属性，可使用快捷键 T。

对不透明度属性设置关键帧，在 3-16 中可以看到图层不透明度设置的实际效果。

图 3-16　不透明度设置

3.2.3　图层的合成模式

任何图层都是由色相、明度和纯度 3 种要素构成，合成模式就是利用这些属性通过数学计算方法将两个以上的图像进行融合，最终产生新的图像画面。在 After Effects 中，图

层与图层之间有着丰富的合成模式可以选择。

在 After Effects 中，共有 36 种合成模式，在这里了解一些主要的合成模式。Modes(模式)可以通过时间轴窗口中的控制栏显示，如果在控制栏中没有显示，可以在控制栏的空白处单击鼠标右键，在弹出的快捷菜单中选择 Columns(显示栏)>Modes(模式)命令，或者按快捷键 F4 调出 Modes 合成模式。

1. Normal(正常模式)组

Normal(正常模式)组为融合组，为显示合成模式的实际效果。下面将一个如图 3-17 所示的图层画面和如图 3-18 所示的图层画面进行叠加，通过效果进行演示。

图 3-17 原图 1

图 3-18 原图 2

- Normal(正常模式)：显示最上面的图层，上层画面对下层画面不产生影响，如图 3-19 左图所示。
- Dissolve(溶解模式)：在上层有羽化边缘或者不透明度小于 100%时起作用，也可以调节上层的不透明度数值观察其变化，如图 3-19 中间图所示。
- Dancing Dissolve(随机溶解模式)：基本与 Dissolve(溶解)模式一样，但会随时更新随机值，因此会产生动态效果，可以用来产生显示器的噪点，如图 3-19 右图所示。

图 3-19 融合组的效果

2. Darken(变暗模式)组

Darken(变暗模式)组主要功能是去掉白背景，降低亮度值。下面将一个如图 3-20 所示的图层画面和如图 3-21 所示的图层画面进行叠加，通过效果进行演示。

图 3-20 原图 1

图 3-21 原图 2

- Darken(变暗模式)：比较上下两层的各个像素颜色后，保留两层中较暗的像素，即每个像素取更暗一层的像素颜色，可以用于将白色背景去掉，如图 3-22 左图所示。
- Multiply(正片叠底模式)：这是一种减色模式，会形成将两张幻灯片叠放在一起的效果，任何颜色与黑色叠加产生黑色，与白色叠加则保持不变，而最终的视觉效果是比较暗的结果。应用于画面上，主要是降低亮度，去掉白背景，如图 3-22 中间图所示。
- Color Burn(颜色加深模式)：通过提高底层的对比度，使基色变暗以反映混合色，增加画面的色度，如图 3-22 右图所示。

图 3-22 Darken(变暗模式)、Multiply(正片叠底模式)和 Color Burn(颜色加深模式)

- Classic Color Burn(典型颜色加深模式)：通过提高底层的对比度，使基色变暗以反映混合色，降低画面的亮度，效果要优于 Color Burn(颜色加深)模式，如图 3-23 左图所示。
- Linear Burn(线性加深模式)：通过减小亮度，使基色变暗以反映混合色，与白色混合后不会发生变化，如图 3-23 中间图所示。
- Darker Color(暗色模式)：用于显示两个图层中色彩较暗的部分，如图 3-23 右图所示。

图 3-23 Classic Color Burn(典型颜色加深模式)、Linear Burn(线性加深模式)和 Darker Color(暗色模式)

3. Add(添加模式)组

Add(添加模式)组主要用于去掉黑色背景，提高亮度。下面将一个如图 3-24 所示的图层画面和如图 3-25 所示的图层画面进行叠加，通过效果进行演示。

图 3-24　原图 1　　　　　　　　　　　　　　　图 3-25　原图 2

- Add(添加模式)：将基色与混合色相加，得到更为明亮的颜色，该模式主要用于去掉黑色背景，提高亮度，如图 3-26 左图所示。
- Lighten(变亮模式)：选择基色与混合色中较亮的颜色作为结果色，因此，比混合色暗的颜色将被替换掉，比混合色亮的颜色则保持不变。该模式主要用于提高画面的亮度，如图 3-26 中间图所示。
- Screen(屏幕模式)：该模式正好和 Multiple(正片叠底)的视觉效果相反，是一种加色模式，将混合色与基色相乘，它呈现的效果会比较亮，主要应用于去掉黑背景，提高画面的亮度，如图 3-26 右图所示。

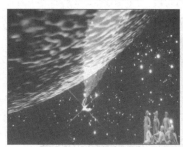  

图 3-26　Add(添加模式)、Lighten(变亮模式)和 Screen(屏幕模式)

- Color Dodge(颜色减淡模式)：通过减小对比度使基色变亮以反映混合色，该模式将会使所在层的相关像素变亮，如图 3-27 左图所示。
- Classic Color Dodge(典型颜色减淡模式)：通过减小对比度使基色变亮以反映混合色，提高画面的亮度，效果要优于 Color Dodge(颜色减淡模式)，如图 3-27 中间图所示。
- Linear dodge(线性减淡模式)：通过增加亮度，使基色变亮以反映混合色，与黑色混合后不会发生变化，如图 3-27 右图所示。
- Darker Color(亮色模式)：用于显示两个图层中色彩较亮的部分，如图 3-28 所示。

图 3-27　Color Dodge(颜色减淡模式)、Classic Color Dodge(典型颜色减淡模式)和

Linear dodge(线性减淡模式)

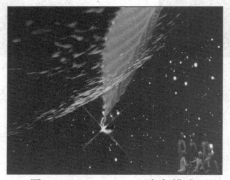

图 3-28　Darker Color(亮色模式)

4. Overlay(叠加模式)组

Overlay(叠加模式)组主要用于画面在像素上的叠加。下面将一个如图 3-29 所示的图层画面和如图 3-30 所示的图层画面进行叠加，通过效果进行演示。

图 3-29　原图 1　　　　　　　　　　　图 3-30　原图 2

- Overlay(叠加模式)：以中性灰(RGB=128,128,128)为中间点，大于中性灰的更亮，提高背景图亮度，反之则变暗，中性灰不变，如图 3-31 左图所示。
- Soft Light(柔光模式)：和 Overlay(叠加模式)原理相同，但效果更柔和，是一种柔和光线的照射效果，亮部的区域更亮，暗部的区域更暗，最后使得影像的反差效果越来越大，如图 3-31 中间图所示。
- Hard Light(强光模式)：该模式与 Overlay(叠加模式)合成效果一样，但是反差更大。模拟强光照射的效果，如图 3-31 右图所示。

图 3-31　Overlay(叠加模式)、Soft Light(柔光模式)和 Hard Light(强光模式)

- Linear Light(线光模式)：该模式与 Overlay(叠加模式)合成效果一样，模拟线光照射的效果，反差比较大，如图 3-32 左图所示。
- Vivid Light(艳光模式)：该模式原理与 Overlay(叠加模式)一样，只是效果更强烈，如图 3-32 中间图所示。
- Pin Light(点光模式)：该模式原理与 Overlay(叠加模式)一样，模拟点光源的效果，如图 3-32 右图所示。

图 3-32　Linear Light(线光模式)、Vivid Light(艳光模式)和 Pin Light(点光模式)

- Hard Mix(强烈混合模式)：该模式产生强烈的色彩混合效果，图层中亮度区域更亮，暗部区域颜色更深，如图 3-33 所示。

图 3-33　Hard Mix(强烈混合模式)

5. Difference(差异模式)组

Difference(差异模式)组将上下两个画面的像素相减，取绝对值。下面将一个如图 3-34 所示的图层画面和如图 3-35 所示的图层画面进行叠加，通过效果进行演示。

图 3-34　原图 1

图 3-35　原图 2

- **Difference(差异模式)**：该模式当不透明度设为 100%的时候，所在层的白色区域会进行全部的反转，而黑色的区域则不会发生变化，而介于黑色和白色之间的部分会有不同程度的反转发生，如图 3-36 左图所示。
- **Classic Difference(典型差异模式)**：与 Difference(差异模式)原理相同，但效果更优，如图 3-36 中间图所示。
- **Exclusion(排除模式)**：该模式由亮度值决定是否从当前的层中减去底层的颜色，还是从底层中减去当前层的颜色，该合成模式的效果比 Difference 的合成模式的效果要更加柔和，如图 3-36 右图所示。

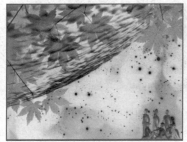

图 3-36　Difference(差异模式)、Classic Difference(典型差异模式)和 Exclusion(排除模式)

6. Hue(色相)组

Hue(色相)组利用 HLS 的色彩模式来进行合成。下面将一个如图 3-37 所示的图层画面和如图 3-38 所示的图层画面进行叠加，通过效果进行演示。

图 3-37　原图 1

图 3-38　原图 2

- Hue(色相)：将所在层的色相与底层的亮度与饱和度混合起来，形成一种特殊的效果，如图 3-39 左图所示。
- Saturation(饱和度)：该模式是将所在层的饱和度与底层的色相亮度合成，形成一种特殊的效果，如图 3-39 中间图所示。
- Color(色彩)：该模式产生的效果与色相合成模式产生的效果是一样的，保留所在层的色相饱和度，而使用底层的亮度，如图 3-39 右图所示。

图 3-39　Hue(色相)、Saturation(饱和度)和 Color(色彩)

- Luminosity(亮度)：该模式与 Color 的合成模式的效果相反，它保留所在层的亮度值，而与底层的色相和饱和度进行合成，如图 3-40 所示。

图 3-40　Luminosity(亮度)

7. Stencil Alpha(Alpha 通道模板)组

Stencil Alpha(Alpha 通道模板)组利用图层本身的 Alpha 通道和 Luma 通道，和底层内容叠加。下面将一个如图 3-41 所示的图层画面和如图 3-42 所示的图层画面进行叠加，通过效果进行演示。

- Stencil Alpha(Alpha 通道模板)：该模式将透出所有层的内容，利用所在层的 Alpha 通道将底下所有的层都显示出来，效果有一点像用蒙版的效果，如图 3-43 左图所示。
- Stencil Luma(亮度模板)：该模式将透出所有的层，利用所在层的明亮度将底下层显示出来，如图 3-43 中间图所示。

● Silhouette Alpha(Alpha 通道轮廓)：该模式的效果是阻塞所有的层，利用所在层的 Alpha 通道将下面所有层的内容挡住，从而实现一种特殊的视觉效果，如图 3-43 右图所示。

图 3-41　原图 1　　　　　　　　　　　　　　　图 3-42　原图 2

图 3-43　Stencil Alpha(Alpha 通道模板)、Stencil Luma(宽度模板)和 Silhouette Alpha(Alpha 通道轮廓)

● Silhouette Luma(亮度轮廓)：该模式可以阻塞所有的层，利用所在层的明亮将下层内容挡住，如图 3-44 左图所示。

● Alpha Add(Alpha 添加)：底层和目标层的 Alpha 通道叠加在一起，同时起作用，效果如图 3-44 中间图所示。

● Luminescent Premul(冷光模式)：将图层的透明区域像素和底层作用，赋予 Alpha 通道边缘透镜和亮光效果，如图 3-44 右图所示。

图 3-44　Silhouette Luma(亮度轮廓)、Alpha Add(Alpha 添加)和 Luminescent Premul(冷光模式)

合成模式不能使用关键帧，如果需要只能借助 Edit(编辑)>Split Layer(分裂图层)菜单命令，或按快捷键 Ctrl+Shift+D，把图层按时间分成好几段，然后分别对应不同的合成模式。

3.2.4　图层的基本操作

在了解图层的概念后，可以对图层进行基本的操作。

1. 复制图层

方法一：

选中图层，然后通过选择 Edit(编辑)>Copy(复制)命令，或者使用快捷键 Ctrl+C 进行复制，再通过选择 Edit(编辑)>Paste(粘贴)命令，或者使用快捷键 Ctrl+V 粘贴，粘贴出来的新层将保持所选层的所有属性。

方法二：

选中某层后，选择 Edit(编辑)>Duplicate(副本)命令，或者通过快捷键 Ctrl+D 快速复制。

2. 替换图层

在实际操作中，有时需要用别的图层替换原来的图层，这时需要用到替换命令。具体操作为：在 Project(项目)窗口中，按下 Alt 键的同时，拖曳用于替换的新素材到时间轴窗口中被替换的图层上。这样新素材就会替换原来的素材，而原来图层的所有属性，都能在新图层中应用。

3. 分裂图层

在 After Effects 中，有时需要将一段素材分裂为两段，分别应用不同的效果，这时需要用到分裂图层命令。具体操作为：在时间轴窗口中选择要分裂的图层，选择 Edit(编辑)>Split Layer(分裂图层)命令，或者按快捷键 Ctrl+Shift+D，如图 3-45 所示。

4. 图层的对齐与分布

在 After Effects 中有非常方便的自动排版功能，即对齐与分布。该功能可以选择 Window(窗口)>Align & Distribute(对齐与分布)命令调出相应面板，如图 3-46 所示。

图 3-45　分裂图层　　　　　　　　　　图 3-46　对齐与分布面板

该面板上第一行的对齐层按钮从左到右分别为 📃左对齐、📃垂直居中、📃右对齐、📃上对齐和 📃水平居中；第二行的分布层按钮从左到右分别是 📃按顶平均分布、📃垂直平均分布、📃按底平均分布、📃按左平均分布和 📃水平平均分布。

操作时对齐至少需要同时选中两个以上的图层，分布则必须同时选中三个以上的图层，具体操作可以通过实践练习进行学习。

3.3　图层关系实例操作

利用图层关系制作二维合成效果，具体操作如下。

(1) 启动 After Effects CC 软件，选择 Composition(合成)>New Composition(新建合成)命令，弹出 Composition Setting 对话框，命名为"背景"，设置帧尺寸为 720×576，时间长度为 5 秒，如图 3-47 所示，单击 OK 按钮保存设置。

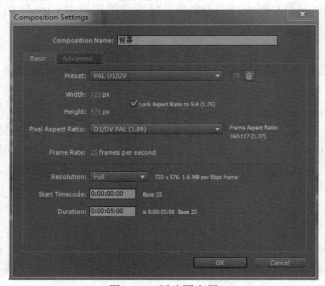

图 3-47　新建固态层

(2) 在时间轴窗口的空白区域单击右键，选择快捷菜单中的 New(新建)>Solid(固态层)命令(如图 3-48 所示)，弹出 Solid Settings(固态层设置)对话框，设置颜色为深蓝色，如图 3-49 所示。

图 3-48　选择固态层

图 3-49　设置固态层

(3) 在时间轴窗口中，选择"深蓝色"固态层，选择 Edit(编辑)>Duplicate(副本)命令，或者按快捷键 Ctrl+D，复制同样的一个固态层，选择复制的固态层，选择 Layer(图层)>Solid Setting(固态层设置)命令，或按快捷键 Ctrl+Shift+Y，修改固态层参数，将 Color(颜色)设置为浅蓝色，单击 OK 按钮退出。选择复制的固态层，按 Enter 键，为固态层重命名为"浅蓝色"。选择"浅蓝色"固态层，按快捷键 S，打开图层的缩放属性；断开缩放链接按钮 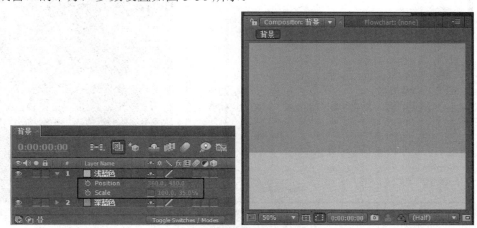，将高度值调为 35，按快捷键 P，打开图层的位移属性，设置纵坐标为 480，即将图层移动到合成窗口的下方，参数设置如图 3-50 所示。

图 3-50　图层参数设置和效果显示

(4) 选择"浅蓝色"固态层，重复步骤 3，复制一个白色固态层，按快捷键 S，打开图层的缩放属性，将高度值调为 5，按快捷键 P，打开图层的位移属性，设置纵坐标为 374，即将图层移动到合成窗口中深蓝色和浅蓝色相交的位置，参数设置如图 3-51 所示。

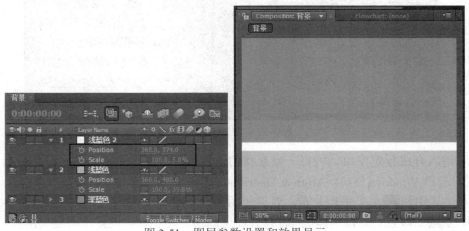

图 3-51　图层参数设置和效果显示

(5) 选择 Composition(合成)>New Composition(新建合成)命令，弹出 Composition Setting(合成设置)对话框，命名为"视频小画面"，设置帧尺寸为 720×576，时间长度为 5 秒，单击 OK 按钮保存设置。

(6) 选择 File(文件)>Import(导入)命令，弹出如图 3-52 所示的对话框，选择实例中的视频素材文件夹，单击导入对话框右下方的 Import Folder(导入文件夹)按钮，将视频素材全部导入。

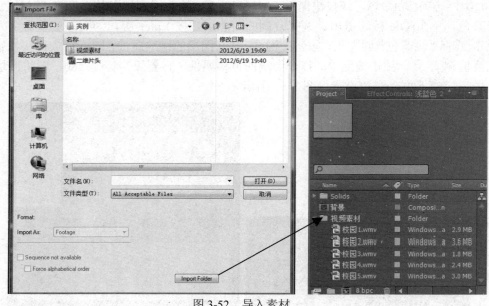

图 3-52　导入素材

(7) 从项目窗口中全选 5 段校园素材拖放到"视频小画面"的合成图像时间轴上，按快捷键 S，展开 5 段素材的缩放属性，将缩放参数设置为 20%，如图 3-53 所示。

图 3-53　设置缩放比例

(8) 进入合成预览窗口，将每一段素材的位置依次排好，尤其是第一段与最后一段排好位置，选择 Window(窗口)>Align & Distribute(对齐与分布)命令调出对齐与分布面板，选择 水平居中和 水平平均分布，效果如图 3-54 所示。

(9) 全选 5 段素材，按快捷键 T，打开图层的透明度属性，设置透明度关键帧，0 秒为 0，20 帧为 100%，将 5 段素材调整成阶梯状，逐个做淡入显示，如图 3-55 所示。

(10) 选择 Composition(合成)>New Composition(新建合成)命令，弹出 Composition Setting 对话框，命名为"最后合成"，设置帧尺寸为 720×576，时间长度为 5 秒，单击 OK 按钮保存设置。

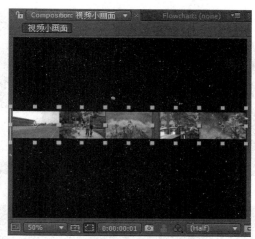

图 3-54　对齐分布图层

图 3-55　设置透明度关键帧

(11) 将"背景"和"视频小画面"合成图像分别拖曳到"最后合成"时间轴上,用文字工具输入"青春校园",按快捷键 Ctrl+6 设置文字属性,设置文字参数。选中文字图层,移动到合成预览窗口的上方,按快捷键 T,打开不透明度属性,设置关键帧,0 秒为 0,20帧为 100。按快捷键 P,打开文字图层的位移属性,设置关键帧,0 秒在左边(-4,150),4帧 10 秒为右边(285,150)。

(12) 用文字工具输入"活力无限",按快捷键 Ctrl+6 设置文字属性,设置文字参数。选中文字图层,移动到合成预览窗口的下方,按快捷键 T 打开不透明度属性,设置关键帧,0 秒为 0,20 帧为 100。按快捷键 P,打开文字图层的位移属性,设置关键帧,0 秒在右边(334,510),4 帧 10 秒为左边(84,510),如图 3-56 所示。

(13) 从项目窗口中选择"01.avi"素材,拖放到"视频小画面"的合成图像时间轴"活力无限"文字图层的下方,在控制栏的空白区域单击鼠标右键,选择 Column(显示栏)>Stretch(伸展)命令,设置数值为 150,按快捷键 F4 调出 Modes(模式)选项,在 TrkMat (轨道蒙版)下方选择 Alpha Matte "活力无限"。使用同样的方法设置"青春校园"图层的轨道蒙版,如图 3-57 所示。

(14) 具体的效果如图 3-58 所示。

图 3-56　设置文字的参数

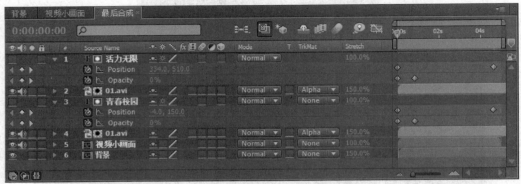

图 3-57　设置文字图层的轨道蒙版参数

图 3-58　实际效果显示

第 **4** 章

关键帧动画和技巧

二维动画按照生成的方法可分为如下 3 种。

- 逐帧动画：是由一幅幅内容相关的位图组成的连续动画，就像电影胶片一样，分别设计每屏要显示的帧画面。
- 造型动画：是单独设计画像中的运动物体(或称动元、角色)，为每个动元设计其位置、形状、大小以及颜色，然后由动元构成完整的每一张画面。动元可以是图像、声音、文字和色调，而控制动元表演和行为的脚本，叫作制作表，动元要根据制作表中的规定在动画中扮演自己的角色。
- 关键帧动画：这种动画生成方式和普通动画的制作方式比较类似，在关键帧创作出来后，中间帧不需要人来画，而是由计算机计算出来。

After Effects就是通过关键帧创建来控制动画，即在不同的时间点设置不同的对象属性，时间点之间的变化则由计算机自动计算完成。

4.1 理解关键帧的概念

关键帧是视频动画的核心技术。动画的基础来自每一帧的变化，因此包含了记录视频属性和特效数值的帧，就是关键帧，关键帧是记录运动关键特征的画面。如果要制作动画效果，用户需要在时间轴的特定位置添加记录点，设置含有视频数据的两个关键帧，分别记录动画开始和结束的数据值，而关键帧与关键帧之间的画面则由计算机程序自动添加。当用户设置了开始帧，新建的关键帧和结束帧的不同数值之后，就可以在它们之间看到一个动态的特效变化。在不同的时间点，对象属性会发生变化，而时间点之间的变化则由计算机来完成。After Effects 识别动画开始和结束的位置，并自动计算中间的动画过程，产生动画视觉效果。

4.2 关键帧的基本操作

4.2.1 关键帧的设置与编辑

After Effects 提供了丰富的图层调整和特效设置功能,普通状态下的这些添加和设置被看作针对整个素材的时间轴,如果要进行动画处理,必须要打开动画开关,动画开关被打开后呈自动记录状态,此时对参数所做的任何数据改动,After Effects 都会自动记录为关键帧。

下面新建合成图像,帧尺寸为 720×576,时间长度为 5 秒。导入一个视频素材到合成图像的时间轴窗口,以图层的位移属性为例,介绍具体的关键帧设置与编辑。

1. 添加关键帧

选择图层,按快捷键 S,打开缩放属性,将参数修改为 20,按快捷键 P,打开图层的位移属性。激活属性的关键帧开关,即在参数的前面出现一个添加关键帧标志,将时间指针放置在开始位置,单击中间的关键帧添加标志,即在时间轴上添加了一个关键帧,设置参数为(95,240),将时间指针移至画面结束位置,改变参数为(625,240),After Effects 就会在当前位置自动记录一个关键帧,如图 4-1 所示。

图 4-1 添加关键帧

如果想继续添加关键帧,可以接着移动时间指针到目标位置,改变数据或者单击中间的关键帧添加标志,均可以继续添加关键帧。

2. 选择关键帧

- 选择单个关键帧:展开含有关键帧的属性,用鼠标单击某个关键帧,此关键帧即被选中。
- 选择多个关键帧:如果图层添加了多个复杂的关键帧,可以按 U 键,打开所有的关键帧,按下 Shift 键的同时,单击要选择的关键帧,或者用鼠标拖曳一个选择框,选择框内的所有关键帧,进行多个关键帧的选择,如图 4-2 所示。
- 选择所有关键帧:单击图层中含有关键帧属性的名称,就可以选择属性中所有的关键帧。

图 4-2　框选关键帧

3．移动关键帧

选中关键帧，将其拖曳到目标位置即可。如果是多个关键帧可以按 Shift 键进行多选，也可以框选所有的关键帧，拖曳到指定位置。

4．复制关键帧

复制关键帧可以提高工作效率，避免一些重复的设置操作。具体步骤如下。

- 选择要复制的单个或多个关键帧，选择 Edit(编辑)>Copy(复制)命令，或者按快捷键 Ctrl+C 完成关键帧的复制。
- 选择要粘贴的目标图层，将时间轴的指针移动到要粘贴的目标时间位置，选择 Edit(编辑)>Paste(粘贴)命令，或者按快捷键 Ctrl+V 进行关键帧的粘贴。

5．删除关键帧

要删除某个关键帧，只需单击将其选中，然后按下键盘上的 Delete 键即可将其删除，如果要删除多个关键帧，可以在按下 Shift 键的同时单击需要删除的关键帧，然后按下键盘上的 Delete 键即可。

4.2.2　使用 Graph Editor(动画曲线编辑器)

Graph Editor(动画曲线编辑器)能够提供更形象、更直观的动画编辑功能，可以通过(动画曲线编辑器切换开关)，实现关键帧编辑器和动画曲线编辑器之间的切换。动画曲线编辑器允许多条曲线共享相同的显示区域，可以按下(关键帧开关)后面的(显示属性曲线)按钮，指定属性编辑曲线处于显示状态，如图 4-3 所示。

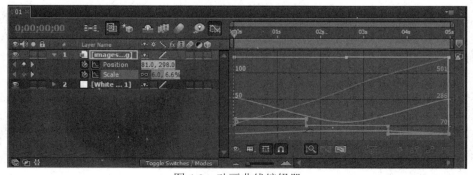

图 4-3　动画曲线编辑器

动画曲线编辑器有两种曲线，分别是 Value Graph(属性值变化曲线)和 Speed Graph(速度变化曲线)。

Value Graph(属性值变化曲线)可以通过曲线的形状和数值变化表示属性值的改变，形象直观，如图 4-4 所示。曲线的单位取决于所选择的属性，向上表示属性值增大，向下表示属性值减小，平滑的弧线表示属性值加速或减速变化，斜线表示属性值匀速变化，水平的直线则表示属性值没有发生改变。

图 4-4　属性值变化曲线

Speed Graph(速度变化曲线)主要显示属性的变化速率，如图 4-5 所示。曲线的单位取决于所选择的属性，如缩放属性，则单位为%/sec(每秒钟缩放的百分比)，向上表示运动速率增大，向下表示运动速率减小，平滑的弧线表示加速度或减速度，水平的直线表示匀速变化，水平直线的值为 0 时表示速度为 0，运动呈现静止状态。

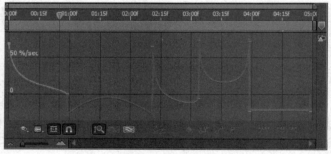

图 4-5　速度变化曲线

当多个属性曲线同时显示时，After Effects 会自动为不同的曲线随机分配不同的色彩，并且会自动将曲线尽可能合适地显示在窗口中，方便用户的查看和操作。在动画曲线底部有一排按钮，如图 4-6 所示，这些按钮可以帮助操作者方便、快捷地完成各种操作。

图 4-6　曲线编辑器操作工具

(1) Choose which properties are shown in the graph editor(选择显示属性)：此按钮用于选择曲线编辑器的关键帧显示属性。单击此按钮，会弹出相应的菜单。

菜单的具体内容如下。

● Show Selected Properties：显示选择的属性运动曲线，如图 4-7 所示。

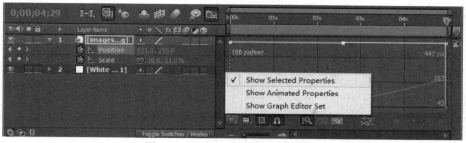

图 4-7　显示选择的属性运动曲线

- Show Animated Properties：显示所有含有动画信息属性的运动曲线，如图 4-8 所示。

图 4-8　显示所有含有动画信息属性的运动曲线

- Show Graph Editor Set：显示属性前 ![] 开关被开启属性的运动曲线，如图 4-9 所示。

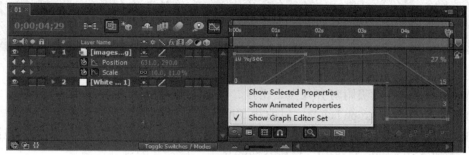

图 4-9　显示曲线编辑器设置

（2）![] Choose graph type and options：此按钮用于选择曲线的类型。单击此按钮，会弹出如图 4-10 所示的菜单。

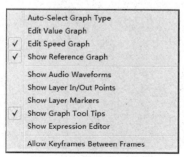

图 4-10　曲线类型菜单

菜单的具体内容如下。

- Auto-Select Graph Type：自动选择曲线类型。
- Edit Value Graph：编辑属性数值变化曲线。
- Edit Speed Graph：编辑属性速度变化曲线。
- Show Reference Graph：显示参考曲线，选择此项决定是否同时显示 Value Graph(数值曲线)和 Speed Graph(速度曲线)作为相互的参考曲线。
- Show Audio Waveforms：显示音频波形。
- Show Layer In/Out Points：显示图层的入点和出点。
- Show Layer Markers：显示图层的标记点
- Show Graph Tool Tips：显示曲线编辑提示。
- Show Expression Editor：显示表达式编辑器

(3) Show Transform Box when multiple keys are selected：当多个关键帧被选中时，激活关键帧编辑框，可以将选择的多个关键帧形成一个编辑框，实现整体的调整，甚至可以对多个关键帧的位置和值进行同比例缩放，如图 4-11 所示。

图 4-11　关键帧编辑框

(4) Snap：自动吸附对齐入点、出点、标记、当前指针等。

(5) Auto-zoom graph height：以曲线高度为基准自动缩放视图。

(6) Fit selection to view：将选择的曲线或者关键帧显示，自动适配到视图范围。

(7) Fit all graphs to view：将所有曲线显示，自动适配到视图范围。

(8) Separate Dimensions：分离开维度，将 X 轴、Y 轴和 Z 轴分离开显示，如图 4-12 所示。

图 4-12　分离维度显示

(9) 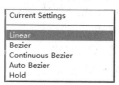Edit selected keyframes：关键帧菜单，相当于在关键帧上单击右键。

(10) ＿＿＿＿＿＿＿＿＿＿关键帧方式的快速按钮，分别表示静止方式、线性方式、自动贝塞尔方式、同时平滑关键帧入和出的速率、仅平滑关键帧入时的速率、仅平滑关键帧出时的速率等。

4.3　关键帧的高级技巧

4.3.1　关键帧插值运算

从动画曲线编辑中可以看到关键帧除了包含本身的属性值变化外，还包括时间速度上的变化，通过设置关键帧的运算方式，能够制作出符合现实、自然逼真的视觉运动效果。

选择需要调整的一个或多个关键帧，选择 Animation(动画)>Keyframe Interpolation(关键帧插值运算)命令，或者按快捷键 Ctrl+Alt+K，打开 Keyframe Interpolation(关键帧插值运算)选项，如图 4-13 所示。

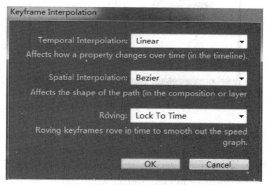

图 4-13　关键帧插值运算

1. Temporal Interpolation(时间插值运算法)

用来调整与时间有关的属性，控制进入关键帧和离开关键帧的速度变化，可以实现匀速运动、加减速运动和突变运动，单击 Temporal Interpolation(时间插值运算法)后面的下拉三角，弹出如图 4-14 所示的菜单。具体参数含义如下。

图 4-14　时间插值运算

- Linear：线性匀速动画。
- Bezier：贝塞尔自由调节速度变化。
- Continuous Bezier：连续贝塞尔速度调节方式。
- Auto Bezier：自动贝塞尔方式。

● Hold：静止方式，前后关键帧没有过渡变化，实现突变效果。

如位移属性 Temporal Interpolation(时间插值运算法)中选择 Bezier 曲线，则时间轴窗口和合成预览窗口中的关键帧显示如图 4-15 和图 4-16 所示。

图 4-15　时间插值运算法中选择 Bezier 曲线

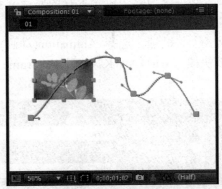

图 4-16　Bezier 曲线方式

2. Spatial Interpolation(空间插值运算法)

此方法仅对 Position 位置属性起作用，用来控制空间运动路径是直线还是某种弧线，单击 Spatial Interpolation(空间插值运算法)后面的下拉三角，弹出如图 4-17 所示的菜单。

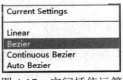

图 4-17　空间插值运算

根据不同变化可以分为 4 种运算方式，具体参数含义如下。

● Linear：表现为直线的线性方式。
● Bezier：表现为曲线的自动贝塞尔方式。
● Continuous Bezier：表现为连续贝塞尔方式。
● Bezier：完全自由形态的方式。

3. 关键帧图标种类

关键帧插值运算设置后，关键帧的图标形式也会发生相应的变化，主要的关键帧图标有以下几种。

● 线性入、线性出的匀速动画方式。

- ⧖ 贝塞尔入、贝塞尔出的方式。
- ⬭ 自动贝塞尔的方式。
- ◁ 线性入、静止出的方式。
- ◼ 静止方式。
- ▷ 贝塞尔入、线性出的方式。

4. Roving(动态关键帧)

关键帧的运动速度取决于两个条件：一个是两个关键帧之间的差异化，即固定时间内的差异越大，变化速度越快；另一个是两个关键帧之间的距离。动画变化大，关键帧与关键帧之间衔接不自然，可以使用 Roving 平滑动画功能，单击 Roving 后面的下拉三角，弹出如图 4-18 所示的菜单。

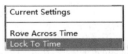

图 4-18　Roving 关键帧

Roving 可以控制关键帧 Lock To Time(锁定在固定位置)，还可以为了自动平滑动画而变成 Rove Across Time(浮动关键帧)。

4.3.2　Wiggler(随机)运动

After Effects 提供了非常实用方便的随机动画功能，无须设置很多帧，而且关键帧之间的运动平滑、自然，具体操作如下。

(1) 将篮球素材导入时间轴窗口中，选择篮球素材按快捷键 P，打开位移属性，将时间指针分别移动到开始和设置的位置，设置两个相同的关键帧，如图 4-19 所示。

图 4-19　设置两个相同的关键帧

(2) 全选两个关键帧，选择 Window(窗口)>Wiggler(随机)命令，弹出如图 4-20 所示的面板。

图 4-20　Wiggler 面板

具体参数含义如下。

- Apply To(应用到)：设置随机动画的曲线类型。选择 Spatial Path (空间随机特效)将随机效果应用于空间变化，选择 Temporal Graph (时间随机特效)将随机效果应用于时间变化。
- Noise Type(噪波类型)：选择随机动画的噪波类型，选择 Smooth (平滑)可使运动平滑化，选择 Jagged(抖动) 随机效果更强烈一些。
- Dimensions(维度)：设置随机值要影响的属性维度，选择 X 轴或 Y 轴表示在 X 轴或 Y 轴对属性进行随机值变化，选择 All the same(全部相同)选项表示在所有单元上都有相同的随机值，选择 All Independently(所有独立)表示所有单元都有独立的随机值。
- Frequency:5.0 per second：每秒产生 5 个随机关键帧，这个值可以根据需要自己调整。
- Magnitude：随机变化的最大值为 1.0，这个值可以根据需要自己调整。

单击 Apply(应用)按钮，时间轴窗口中素材的位移属性上自动添加如图 4-21 所示的关键帧。

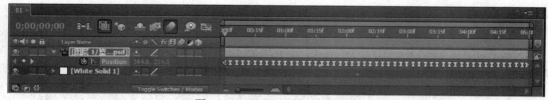

图 4-21　Wiggler 随机动画效果

(3) 通过 Wiggler 将产生随机变化的关键帧，按快捷键 P，展开位移属性，选择除首尾关键帧之外的所有关键帧，选择 Animation(动画)>Keyframe Interpolation(关键帧插值运算)命令，将时间插值、空间插值和动态关键帧的选项设置为如图 4-22 所示，将选择的关键帧转化为 Roving 浮动关键帧。

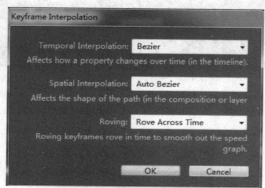

图 4-22　设置关键帧插值运算参数

(4) 单击 OK(确定)按钮后，时间轴窗口中的关键帧就变为如图 4-23 所示的状态。

(5) 按小键盘上的 0 键进行预览，合成预览窗口中关键帧的运动轨迹如图 4-24 所示。

图 4-23 时间轴窗口中关键帧图标变化

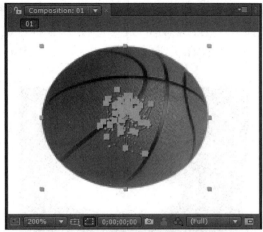

图 4-24 随机动画关键帧的运动轨迹

4.3.3 Motion Sketch(运动抓取)和 Smoother(平滑)

Motion Sketch(运动抓取)可以将鼠标移动过程中的轨迹制成 Position 位移关键帧，达到一些手工添加和设置关键帧无法达到的自然和流畅效果，具体操作如下。

(1) 将蜜蜂素材和花的素材导入时间轴窗口中，将蜜蜂素材放置在花素材图层上方，选择蜜蜂图层，选择 Window(窗口)>Motion Sketch(运动抓取)命令，弹出如图 4-25 所示的面板。

图 4-25 运动抓取面板

参数的具体含义如下。

- Capture speed at：默认捕捉鼠标速度为 100%，当参数大于 100%时，回放速度快于绘制速度；小于 100%时，回放速度慢于绘制速度。
- Smoothing(平滑)：设置运动速度的平滑度。

65

- Show(显示): 有两个选项, 勾选Wireframe(线框)表示鼠标拖曳过程中绘制运动路径时, 显示为线框模式; 勾选Background(背景)表示该选项显示背景图层, 以便鼠标拖曳时有所依据。
- Start(开始): 表示绘制运动路径的开始时间。
- Duration(持续): 表示绘制运动路径的持续时间。
- Start Capture(开始抓取): 单击该按钮, 将鼠标移动到合成预览窗口, 发现鼠标变成十字形, 便可以在合成预览窗口中按下鼠标左键拖曳进行绘制, After Effects 将自动捕捉整个过程中产生的运动轨迹, 直到抬起鼠标左键, 结束绘制路径, 如图4-26 所示。运动路径只能在工作区内绘制, 当超出工作区后, 系统自动结束路径的绘制。

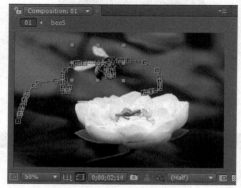

图 4-26　绘制运动路径

(2) 选择蜜蜂图层, 按快捷键 P, 展开位移关键帧属性, 可以看到如图 4-27 所示的关键帧显示。

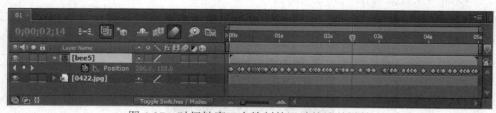

图 4-27　时间轴窗口中绘制的运动轨迹关键帧

(3) 由于是手动拖曳绘制的运动轨迹, 因此在位移和速度上难免出现不稳定, 而且产生过多的关键帧也影响渲染速度, 因此需要对关键帧进行修改。但手工修改比较麻烦, 可借助 Smoother 优化关键帧功能, 减少关键帧数量, 不影响动画效果, 达到平滑动画优化关键帧的目的。展开位置属性, 选择除首帧和尾帧之外的所有关键帧, 选择 Window(窗口)> Smoother(平滑)命令, 弹出如图 4-28 所示的面板。

图 4-28　平滑面板

具体参数含义如下。

- Apply To(应用到)：选择 Spatial Path (空间随机)特效将运动效果优先应用于空间变化，选择 Temporal Graph (时间随机)特效将运动效果优先应用于时间变化。
- Tolerance(容差值)：容差值设置越高，产生的曲线越平滑，但如果值过高可能导致曲线变形，这里将容差值调为 5，代表 5 个像素变化以下的都将被删除。

单击 Apply 按钮完成优化，如图 4-29 所示。

图 4-29 应用 Smoother(平滑)后的效果

(4) 应用平滑后，时间轴窗口中的位移关键帧减少许多，这样可以根据蜜蜂的运动规律进行手动调节，如图 4-30 所示。同时可以按快捷键 R，使蜜蜂旋转一定的角度，让蜜蜂恰好落在花心上。

(5) 打开运动模糊开关，为蜜蜂的运动添加运动模糊效果，如图 4-31 所示。

图 4-30 手动调整关键帧属性

图 4-31 打开运动模糊开关

4.4 Roto 笔刷工具

在一些视频素材中，我们需要抠取画面中的某个人物或某些像素，将其作为另一个画面中的内容，此时就需要用到 Roto 笔刷。Roto 笔刷工具是 After Effects CC 中一个非常强大的画笔抠像工具，它适用于在非绿屏状态下的动态抠像，可以免去一帧一帧抠像的麻烦。

下面以实例来学习 Roto 笔刷的使用。

(1) 导入视频素材到项目窗口中，选中素材拖曳到合成工具上，创建一个与素材一致的合成。播放视频素材，根据人物的走动，设置合成条的开始位置和结束位置，在合成条位置上单击右键，选择 Trim Comp to Work Area(裁切合成到工作区)命令，如图 4-32 所示。

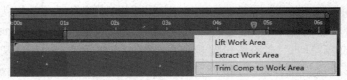

图 4-32　裁切合成

(2) 双击"Roto 素材"在监视器窗口中显示，如图 4-33 所示。

图 4-33　素材层显示窗口

在监视窗口的下方有 3 个图标，含义分别表示如下。

- ![]Toggle Alpha：Alpha 模式，选择此项，可以在监视器窗口中显示带 Alpha 通道的黑白影像。
- ![]Toggle Alpha Boundary：边界模式，选择此项，可以在监视器窗口中显示带边界的影像。
- ![]Toggle Alpha Overlay：叠加模式，选择此项，可以在监视器窗口中显示带红色蒙版的影像，颜色和不透明度可以通过其后面的参数进行设置。

(3) 在工具栏中选择 Roto 笔刷工具，单击向下三角，可以看出有 Roto Brush Tool(Roto 笔刷工具)和 Refine Edge Tool(调整边缘工具)。选择 Roto 笔刷工具，可以看出在窗口中看到绿色的笔刷点，按住鼠标左键进行拖动，沿着人物的轮廓边缘进行快速绘制，如图 4-34 所示。

(4) 当绘制结束后，系统会自动计算人物的边缘和轮廓，在监视器窗口中以紫色线框显示出来，在时间标尺上会出现系统计算的帧，同时在特效控制面板中显示出 Roto 笔刷和调整边缘的特效参数，如图 4-35 所示。在使用 Roto 笔刷工具定义对象时，可沿着表示对象特征的中心位置开始绘制描边，例如绘制人物时可以沿骨骼描边而不是手臂的轮廓。与其他需要精确地手动定义边界的常规动态抠像不同，使用 Roto 笔刷工具可以通过定义代表性区域发挥作用，然后 After Effects 会根据这些区域推断出边界的位置。

图 4-34 绘制人物轮廓

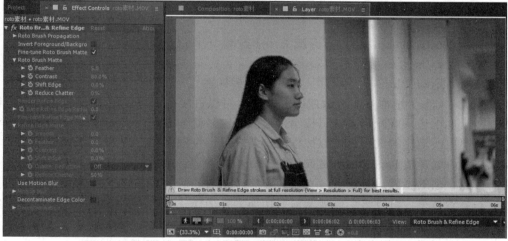

图 4-35 系统自动计算轮廓

Roto 笔刷和调整边缘的特效参数含义如下。

Roto Brush Propagation(Roto 笔刷传播)参数包括下面的内容。

- Search Radius：设置搜索半径。
- Motion Threshold：设置运动阈值。
- Motion Damping：设置运动阻尼。
- View Search Region：勾选此项，可以查看搜索区域，影像以黑白显示出来，查看更为直观。
- Edge Detection：边缘检测。单击下拉三角，可以选择 Favor Predicted Edges(预测边缘优先)、Balanced(平衡)和 Favor Current Edges(当前边缘优先)3 种方式。
- Use Alternate Color Estimation：勾选此项，使用备选颜色估计。
- Invert Foreground/Background：勾选此项，可以反转前台/后台。
- Fine-tune Roto Brush Matte：勾选此项，可以微调 Roto 笔刷遮罩。

Roto Brush Matte(Roto 笔刷遮罩)参数包括如下。

- Feather：设置 Roto 笔刷遮罩的羽化值。
- Contrast：设置 Roto 笔刷遮罩的对比度。
- Shift Edge：移动边缘。
- Reduce Chatter：减少震颤。

以上 4 项的调整可以将监视器的显示模式切换为 Alpha 模式，这样调节参数时效果能够更直观。

- Render Refine Edge：勾选此项，可以渲染调整边缘。
- Base Refine Edge Radius：设置基准边缘半径。

Refine Edge Matte(调整边缘遮罩)参数只有在 Refine Edge Tool(调整边缘工具)被激活时，才会启用，其中的参数包括如下。

- Smooth：设置边缘遮罩的平滑度。
- Feather：设置边缘遮罩的羽化值。
- Contrast：设置边缘遮罩的对比度。
- Shift Edge：移动边缘。
- Chatter Reduction：可以打开或关闭震颤减少开关。
- Reduce Chatter：设置减少震颤的值。
- Use Motion Blur：勾选此项，使用运动模糊。

(5) 如果发现个别地方的边缘或图形缺失，可以直接拖曳绿色笔刷进行添加。如果多余的画面出现在边缘或图形上，可按 Alt 键，将加号变为减号，直接拖曳绿色笔刷进行移除。如果要更改笔刷的大小，可以按住 Ctrl 键+鼠标左键，向上或向下移动即可更改。调整结束后，可选择按 Page Down 键向后移动一帧，看边缘或图形的形状，如果发现缺失或多余，按照上面的步骤进行修改，直至完成整个素材的修改。在修改的过程中，为了取得比较好的查看效果，可以将层监视器窗口切换为叠加模式，这样更加直观清楚，如图 4-36所示。

图 4-36　叠加模式

(6) 将层监视器窗口切换到 Alpha 模式,设置 Roto Brush Matte(Roto 笔刷遮罩)的参数,设置 Feather(羽化值)、Contrast(对比度)、Shift Edge(移动边缘)、Reduce Chatter(减少震颤)等参数,如图 4-37 所示。在实际调整参数过程中,用户可以根据自己的素材进行适当的参数调节,直至达到最佳效果为止。

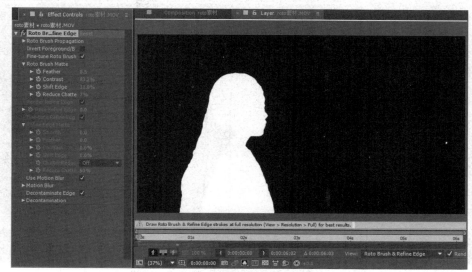

图 4-37　设置 Roto 笔刷遮罩的参数

(7) 在勾勒完人物轮廓之后,会发现人物边缘比较硬,尤其是毛发或者衣物边缘部分感觉比较生硬。我们可以接着利用 Refine Edge Tool(调整边缘工具),对人物的轮廓进行修改。在工具栏中选择 Roto 笔刷工具,单击向下三角,选择 Refine Edge Tool(调整边缘工具)。选择 Roto 笔刷工具,可以在窗口中看到蓝色的笔刷点,按住 Ctrl 键+鼠标左键,向上或向下拖动鼠标更改笔刷大小。更改笔刷大小后,接着按住鼠标左键在人物的边缘地方进行涂抹,尽可能涂抹出边缘的范围,如图 4-38 所示。

图 4-38　使用调整边缘工具

(8) 在调节过程中，用户最好将层监视器放大至最大，这样才能更好地调节细节，保证人物边缘轮廓的精准。同时，要对参数进行适当调节，使得效果达到最佳。调节结束后，可以将层监视器窗口切换到 Alpha 模式，如图 4-39 所示。

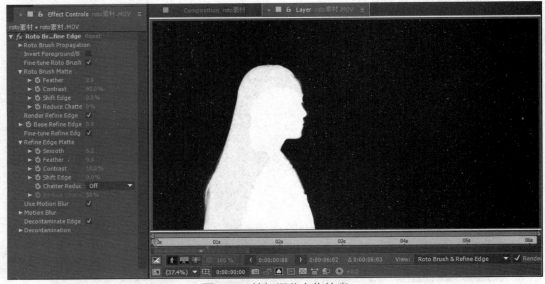

图 4-39　精细调节人物轮廓

(9) 对比图 4-37 和图 4-39，可以看出经过 Refine Edge Tool(调整边缘工具)的精细调整后，人物的边缘轮廓更为自然。按 Page Down 键向后移动一帧，看边缘或图形的形状，如果发现边缘轮廓存在问题，按照上面的步骤进行修改，直至完成整个素材的修改。因此，Roto 笔刷和边缘调整是一个非常费时间的过程，而且操作也非常复杂，只要用户有足够的耐心与细心，还是可以完美地将人物从背景中抠取出来，形成完美的人物活动影像。修改结束后，单击层监视器窗口中的 Freeze(冻结)按钮，弹出如图 4-40 所示的对话框。

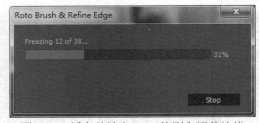

图 4-40　缓存并锁定 Roto 笔刷和调整边缘

(10) 单击冻结按钮，系统会将抠取的范围进行保存，在下一次打开项目时，系统会自动进行计算，以当前的抠取结果进行加载。导入背景素材到合成中，并且放置在最下方，回到合成监视器窗口，我们可以看到人物完美地融入背景素材中，如图 4-41 所示。

图 4-41　最后结果

4.5　木偶动画工具

木偶工具是 After Effects CC 中的一个新增工具，它可以为图像的不同部位添加控制点，通过移动控制点使图像的相应部位产生动画效果。

通过大头针工具 来定义角色的骨架关节，对角色各部位的动画进行牵引，这样就可以为任何图层添加生动的拟人角色动画，单击木偶工具右下角的小三角，可以看到木偶工具包括 Puppet Pin Tool(大头针工具)、Puppet Overlap Tool(层次叠加工具)和 Puppet Starch Tool(木偶固定工具)。

下面来做一个跳舞的小姑娘。

(1) 导入三维人物到时间轴窗口中，利用木偶工具制作动画时，最好采用带 Alpha 的图片，因为在产生动画运动时，如果有背景，背景也会发生相应的变化。

(2) 如果导入的图片和合成图像尺寸不一致，可以选择 Layer(图层)>Transform(转换)>Fit to Comp(适配到合成图像尺寸)命令，或者按快捷键 Ctrl+Alt+F，使图片尺寸适配到合成图像尺寸。

(3) 选择 大头针工具，单击木偶选择工具后面的 Mesh: ✓ Show (网格)工具，勾选显示。网格显示在实际渲染时并不起作用，勾选显示的目的是为人物的骨骼和关节添加控制点，使人物的动作更加自然。在合成预览窗口中单击可添加控制点，控制点显示为黄色，对人物的骨架和关节位置添加控制点，如图 4-42 所示。

(4) 单击木偶工具下方的小三角，弹出扩展工具，选择 Puppet Overlap Tool(层次叠加工具)，在人物的胳膊位置单击，设置重叠控制点，是为了控制哪部分要显示在上面，重叠的区域的大小可以通过设置 Extent: 50 (扩展)参数进行调节，如图 4-43 所示。

(5) 单击木偶工具下方的小三角，弹出工具列表，选择 Puppet Starch Tool(木偶固定工具)，用于设置刚性区域，即木偶在运动过程中不变的位置区域，刚性区域的大小可以通过设置 Extent: 50 (扩展)参数进行调节，如图 4-44 所示。

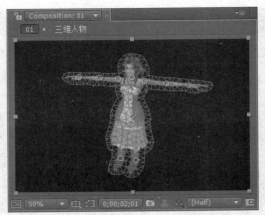

图 4-42　添加控制点

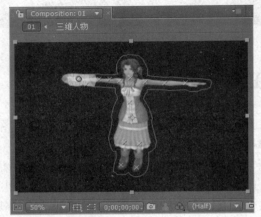

图 4-43　设置 Puppet Overlap Tool(层次叠加工具)控制点

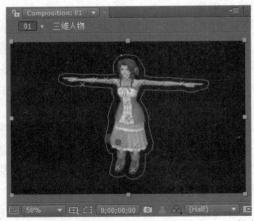

图 4-44　设置 Puppet Starch Tool(木偶固定工具)控制点

(6) 展开图层的扩展三角，选择Puppet(木偶)>Mesh(网格)>Deform(变形)下添加的Puppet Pin(木偶大头针)控制点，添加关键帧，通过参数调节设置关键帧，根据运动效果调节Overlap(叠加)和Starch(伸展)的参数，使动画产生流畅的效果，如图4-45所示。

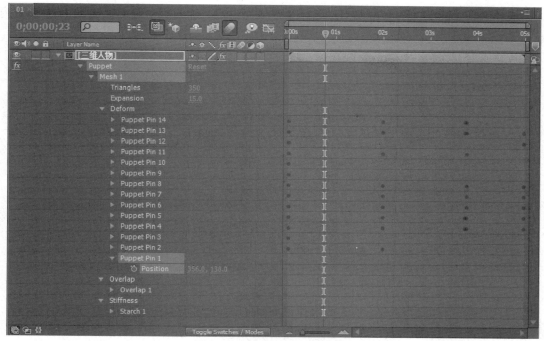

图 4-45　为控制点添加关键帧

(7) 按小键盘上的 0 键，预览效果如图 4-46 所示。

图 4-46　木偶动画效果

4.6　关键帧动画实例

本节中将介绍游走光线的关键帧动画实例，具体操作如下。

(1) 启动 After Effects CC 软件，选择 Composition(合成)>New Composition(新建合成)命令，弹出 Composition Setting 对话框，命名为“游走的光线”，设置 Preset 为 PAL D1/DV，帧尺寸为 720×576，时间长度为 5 秒，单击 OK 按钮保存设置。

(2) 在时间轴窗口的空白区域单击鼠标右键，选择快捷菜单中的 New(新建)>Solid(固态层)命令，或按快捷键 Ctrl+Y，新建一个纯黑色固态层。添加 Window(窗口)>Motion Sketch(运动抓取)，单击 Start Capture(开始抓取)，在合成窗口按下鼠标左键记录鼠标的运动轨迹，如图 4-47 所示。

(3) 按快捷键P，展开位置属性，选择除首帧和尾帧之外的所有关键帧，添加Window(窗口)>Smoother(平滑)，Tolerance设置为10，应用后的效果如图 4-48 所示。

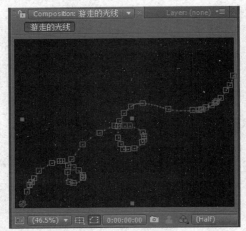
图 4-47　记录鼠标运动轨迹

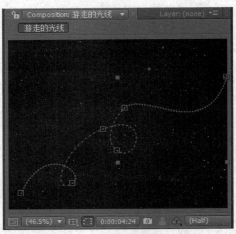
图 4-48　优化后的运动轨迹

(4) 选择所有的位移关键帧，按快捷键 Ctrl+C，全选所有的关键帧。

(5) 选择 Composition(合成)>New Composition(新建合成)命令，或者按快捷键 Ctrl+N，新建一个合成图像，设置 Preset 为 PAL D1/DV，帧尺寸为 720×576，时间长度为 5 秒，单击 OK 按钮保存设置。在时间轴窗口的空白区域单击鼠标右键，选择 New(新建)>Solid(固态层)命令，或按快捷键 Ctrl+Y，新建一个黑色固态层，使用钢笔工具在合成窗口中单击创建一个 Mask 点。按下快捷键 M，展开 Mask 关键帧，选择 Mask，按 Ctrl+V 粘贴前面拷贝的所有关键帧，如图 4-49 所示。

(6) 选择固态层，添加Effect(效果)>Generate(生成)>Vegas特效，Stroke设置为Mask/Path，Segments中的Segments设为1，Length设为0.3，Rotation关键帧设置为从0°到-360°，Rendering中的Blend Mode设置为Over，Width设为4，如图 4-50 所示。

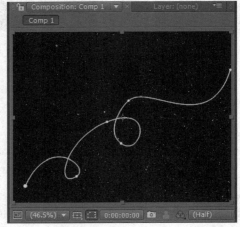
图 4-49　复制的 Mask 形状

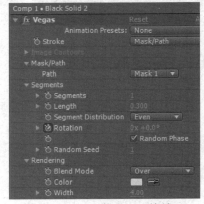
图 4-50　添加 Vegas 特效

(7) 为图层添加 Effect(效果)>Stylize(风格化)>Glow(眩光)特效,将 Glow Threshold(眩光阈值)设置为 23%,Glow Radius(眩光半径)设置为 10,Glow Intensity(眩光强度)设置为 3.2,特效控制面板如图 4-51 所示,合成预览效果如图 4-52 所示。

图 4-51　添加 Glow 效果

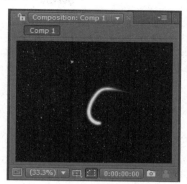

图 4-52　合成预览效果

(8) 选择固态层,选择 Edit(编辑)>Duplicate(副本)命令,或者按快捷键 Ctrl+D 复制一层,调整复制图层的 Vegas 属性参数,Stroke 设置为 Mask/Path,Segments 设为 1,Length 设为 0.01,Blend Mode 设置为 Tranparent,Color 设置为蓝色,Width 设为 30。Glow 属性参数设置 Glow Color(眩光颜色)为 A & B color,设置 A、B 的颜色分别为蓝色、白色。实际效果演示如图 4-53 所示。

图 4-53　游走光线效果

读书笔记

第 **5** 章

蒙版与键控

在前面的章节中，已经介绍了 Alpha 通道、Luma 亮度通道、Track Matte(轨道蒙版)和合成模式等，可以将某图层的背景抠空，叠加融合到其他的图层中，形成完美的视觉效果。但这种以 Alpha 通道为主进行抠像的技术存在一定的局限性，特别在动态视频影像中，能拥有 Alpha 通道的素材非常少，只有一些三维软件创建的图像序列文件可以很好地保存 Alpha 通道。因此，为视频素材添加蒙版和键控技术就会经常地被应用到特效创作过程中。

5.1 认识蒙版

蒙版(或遮罩，快捷键是M)其实就是由贝塞尔曲线所构成的路径轮廓，由线段和控制点构成。线段是连接两个控制点之间的直线或曲线，控制点则定义每个线段之间的开始点和结束点。路径可以是开放的也可以是封闭的，开放路径具有开始点和结束点，封闭的轮廓之内或者之外的区域就是抠像的依据，轮廓内部是图层的不透明区域，外面是透明区域，路径的边缘可以羽化(快捷键是F)，使画面呈现半透明效果。

5.2 创建蒙版

蒙版可以在合成窗口或图层窗口中创建和调整。系统提供了多种创建蒙版的方式，基本上可以分为两类：内部创建和外部创建。

5.2.1 内部建立蒙版

1. 使用工具创建蒙版

利用工具面板中的工具创建蒙版，是 After Effects 中最常用的创建方法。

● 矩形工具■：单击矩形工具下方的小三角，可以弹出矩形工具的所有菜单，如图 5-1 所示。

图 5-1　矩形工具

矩形工具可以在层上创建矩形蒙版，也可以作为矢量图形的绘制工具来使用。本章只从创建蒙版的角度进行探讨。具体操作如下。

选择需要创建的图层，在合成预览窗口中，按住鼠标左键进行拖曳，松开鼠标左键即创建一个矩形蒙版，蒙版内部是图层的不透明区域，外面是透明区域，显示出背景图层的内容。

在拖曳的同时按下 Shift 键可以产生正方形蒙版，按下 Ctrl 键可以产生以按下的点为中心的矩形蒙版，按下 Ctrl+Shift 键可以产生以按下的点为中心的正方形蒙版。

依次可以创建圆角矩形蒙版、椭圆形蒙版、多边形蒙版和星形蒙版，如图 5-2 所示。

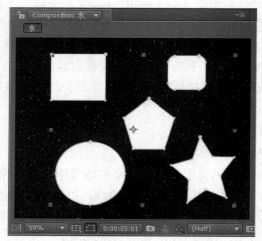

图 5-2　利用工具创建蒙版

按快捷键 M，在时间轴窗口中可以看到创建的蒙版，如图 5-3 所示。

图 5-3　显示创建的蒙版

- 钢笔工具：可以创建各种不规则的蒙版或者路径。选择需要创建的图层，在合成预览窗口中，在某个位置点按下鼠标左键并拖曳，可直接绘制贝塞尔曲线蒙版，再单击下一个位置可以接着进行绘制，如果首尾相接，则创建封闭的蒙版，内部是图层的不透明区域，外面是透明区域，如果不封闭，则创建路径。

单击钢笔工具下方的小三角，可以弹出钢笔工具的所有菜单，如图 5-4 所示。

图 5-4　钢笔工具

通过钢笔工具中的添加控制点、删除控制点和转换为贝塞尔曲线，可以创建想要的蒙版，如图 5-5 所示。

图 5-5　钢笔工具创建蒙版

如果创建的是封闭的 Mask 蒙版，则内部是图层的不透明区域，外面是透明区域。将流动的云背景素材放置在图层的下方，则透明区域显示出背景素材的内容，如图 5-6 所示。

图 5-6　效果演示

2. 通过 Layer(图层)>Mask(蒙版)>New Mask(新建蒙版)命令创建

通过菜单命令，可以依据图层尺寸创建一个矩形蒙版，也可以通过在图层上单击鼠标右键，选择 Mask(蒙版)>New Mask(新建蒙版)命令进行创建，如图 5-7 所示。

图 5-7　利用菜单命令创建蒙版

单击 Layer(图层)>Mask(蒙版)命令，可以弹出如图 5-8 所示的子菜单，对蒙版进行相应的设置。

选择 Mask Shape(蒙版形状)命令可以打开蒙版形状对话框，创建规则形状的蒙版，如图 5-9 所示。

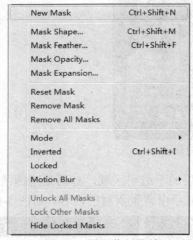

图 5-8　图层蒙版菜单

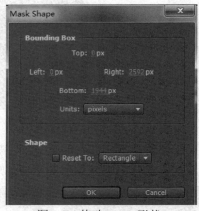

图 5-9　修改 Mask 形状

参数含义如下。

- Bounding Box(矩形边界)：对蒙版的 Top(顶部)、Bottom(底部)、Left(左侧)、Right(右侧)设置距离，Units(单位)可以设置为 Pixel(像素)、Inches(英寸)、Millimeters(毫米)和% of Source(源的百分比)等。
- Shape(形状)：可以设置蒙版的形状。

3. 使用 Effect & Presets(特效与预置)创建蒙版

After Effects CC 中提供了很多特效预置供用户选择，其中也包括一些预置的 Mask(蒙版)，放置在 Abode Bridge 软件的 Shapes 文件夹中，用户可以很方便地调用它们，快速创建复杂的蒙版。

选择 Animation(动画)>Browse Presets(浏览预置)命令，打开 Abode Bridge 软件浏览各种特效预置，找到 Shapes 文件夹，找到需要的蒙版双击即可创建蒙版，如图 5-10 和图 5-11

所示。

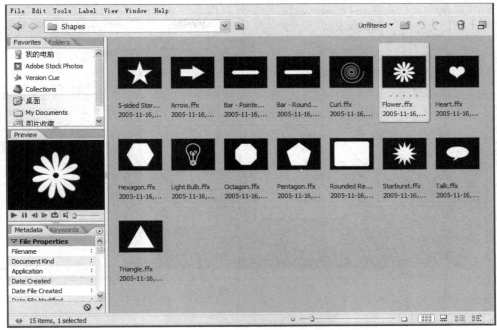

图 5-10　在 Abode Bridge 软件中浏览选择蒙版

图 5-11　利用 Abode Bridge 创建蒙版显示

5.2.2　外部创建蒙版

在 After Effects 中可以应用从其他软件中引入的路径，例如 Illustrator 或 Photoshop 软件。引用的方法很简单，通过 Photoshop 或者 Illustrator 软件中的路径，通过复制命令，粘贴到 After Effects 中的某层上就可以使用。

具体操作如下。

(1) 打开 Photoshop 软件，通过工具制作封闭选区，单击右键并选择"建立工作路径"命令(如图 5-12 所示)，弹出图 5-13 所示的对话框，设置容差值，单击"确定"按钮。

图 5-12　建立工作路径

图 5-13　设置工作路径容差

(2) 选择"编辑">"拷贝"命令。

(3) 切换到 After Effects 软件中，选择要设置蒙版的层，选择 Edit(编辑)>Paste(粘贴)命令，如图 5-14 所示。

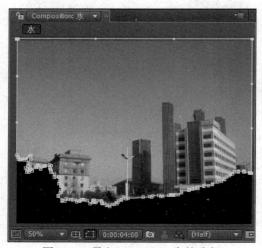

图 5-14　导入 Photoshop 中的路径

5.3　编辑蒙版

5.3.1　修改蒙版的形状

1. 控制点的选择、添加、删除和转换

工具面板中除了可以创建蒙版之外，还提供了多个编辑蒙版的工具。

- ▶选择工具：可以在合成预览窗口或图层预览窗口中选择和移动蒙版上的控制点。选择蒙版上的一个控制点，当其变为实心黄色矩形点，其余为空心时，移动控制点可以对蒙版进行变形处理。
- ▲⁺添加控制点工具：可以增加蒙版路径上的控制点。
- ◆删除控制点工具：可以删除蒙版路径上的控制点。
- ▶(曲率转换工具)：可以将控制点转换为贝塞尔曲线，调节贝塞尔控制手柄可以调节控制点的曲率。

2. 蒙版线段的选择和移动

使用选择工具选择目标图层，直接点选蒙版路径上两个控制点之间的线，可以通过拖曳鼠标或利用键盘上的方向键来实现线段位置的移动，如果取消选择，只需要在空白处单击鼠标即可。

3. 蒙版的选择、移动、旋转和缩放

使用选择工具▶，可以按住 Shift 键的同时选中多个控制点或多条线，也可以通过拖曳一个选区，利用框选的方式进行多点或多线的选择，当控制点变为实心黄点后，选中其中的一个点移动，可以使选择的所有控制点和线段移动。

如果想全部选择，在一个控制点上进行双击，可切换 Mask 的不同形状，整体放大、缩小和旋转，如图 5-15 所示。

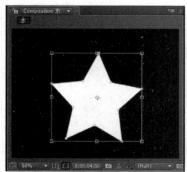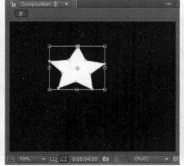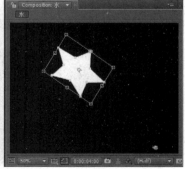

图 5-15　蒙版的放大、缩小和旋转

5.3.2　蒙版属性设置

在时间轴窗口中，可以对蒙版进行羽化、不透明度等属性设置。通过单击图层标签前

面的扩展小三角，可以展开图层的属性设置对话框，包括图层上含有的蒙版，也可以连续两次按下 M 键，展开所有 Mask 路径的所有属性，如图 5-16 所示。

图 5-16　蒙版的属性

(1) Mask Path(蒙版路径)：设置 Mask(蒙版)的形状，选择 Shape(形状)，也可以通过选择 Layer(图层)>Mask(蒙版)>Mask Shape(蒙版形状)命令，弹出如图 5-17 所示的对话框，改变参数，可调整蒙版的形状，如图 5-18 所示。

图 5-17　调整蒙版形状

图 5-18　调整后的蒙版

(2) Mask Feather(蒙版羽化)：设置 Mask(蒙版)的羽化值，也可以通过选择 Layer(图层)>Mask(蒙版)>Mask Feather(蒙版羽化)命令，弹出如图 5-19 所示的对话框，改变参数，可调整蒙版的羽化值，如图 5-20 所示。

图 5-19　设置蒙版羽化值

图 5-20　实际效果

(3) Mask Opacity(蒙版不透明度)：设置 Mask(蒙版)的不透明度，也可以通过选择 Layer(图层)>Mask(蒙版)>Mask Opacity(蒙版不透明度)命令，弹出如图 5-21 所示的对话框，改变参数，可调整蒙版的不透明度值，如图 5-22 所示。

图 5-21　调整不透明度　　　　　图 5-22　实际效果

(4) Mask Expansion(蒙版扩展)：设置 Mask(蒙版)的伸展或者收缩，也可以通过选择 Layer(图层)>Mask(蒙版)>Mask Expansion(蒙版扩展)命令，弹出如图 5-23 所示的对话框，改变参数，正值扩展，负值收缩蒙版，可调整蒙版的扩展程度，如图 5-24 所示。

图 5-23　调整蒙版扩展或收缩　　　　　图 5-24　实际效果

(5) Inverted(反转)：默认情况下，蒙版内部显示为当前图层的图像，蒙版外显示为透明区域。勾选 Inverted(反转)则可设置蒙版的反转效果，如图 5-25 所示。

图 5-25　正常蒙版和反转蒙版对比

(6) Add(叠加)：After Effects 允许在同一个图层上创建多个蒙版，而且各蒙版之间还可以进行叠加。

在合成预览窗口中创建两个蒙版，如图 5-26 所示。单击蒙版上的 Add 选项，弹出如图 5-27 所示的菜单。

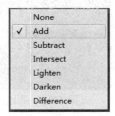

图 5-26　创建两个蒙版　　　　　图 5-27　Add 模式菜单

- None：此模式的路径将起不到蒙版作用，仅仅作为路径存在，但可以作为勾边、光线动画的依据。
- Add：蒙版相加模式，如图 5-28 所示。
- Subtract：蒙版相减模式，如图 5-29 所示。

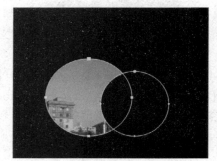

图 5-28　蒙版相加模式　　　　　　　　　　　图 5-29　蒙版相减模式

- Intersect：采取交集方式混合蒙版，如图 5-30 所示。
- Lighten：与 Add 模式一样，对于蒙版重叠处的不透明度采用不透明度值较高者，如图 5-31 所示。

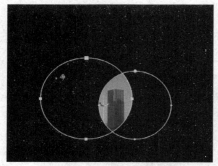

图 5-30　蒙版交集模式　　　　　　　　　　　图 5-31　蒙版变亮模式

- Darken：与 Intersect 模式一样，对于蒙版重叠处的不透明度采用不透明度值较低者，如图 5-32 所示。
- Difference：并集差值模式，如图 5-33 所示。

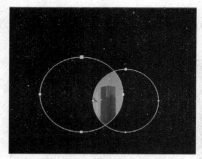

图 5-32　蒙版变暗模式　　　　　　　　　　　图 5-33　蒙版差值模式

5.4　键控技术

After Effects CC 中用蒙版的方法可以得到比较完美的视觉效果,但蒙版对于动态视频,特别是轮廓比较复杂的图像,在效果实现上很难精准地创作出效果,这就需要用到键控技术。键控技术就是我们常说的"抠像",在影视后期制作中被广泛采用的技术手段,制作一些在实际拍摄中不可能或很难完成的镜头效果。演员或主持人通常在绿色或蓝色的背景前表演,完成前期拍摄,在后期制作过程中,用其他背景画面替换了蓝色或绿色,这就是键控。键控并非只有蓝或绿两种颜色,可以是单一的、比较纯的颜色,但一定是与演员的服装、皮肤的颜色反差越大越好,这样键控比较容易实现。而且,键控画面的拍摄,对拍摄的场景、灯光、摄像机等都有比较高的要求,才能在后期抠像的时候相对比较精准。

抠像技术在影视制作领域应用非常广泛,例如魔幻世界、空战场面等,都可以通过键控技术实现,如图 5-34 所示。

图 5-34　《阿凡达》画面

在 After Effects CC 中,实现键控的滤镜都在 Effect(效果)下的 Keying(键控)菜单中,After Effects CC 包含了 Color Difference Key(颜色差值键)、Linear Color Key(线性色键)、Difference Matte(差值蒙版)、Color Range(颜色范围键控)、Extract(抽取键控)等滤镜,如图5-35 所示。

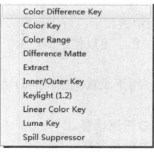

图 5-35　键控菜单

5.4.1　Color Difference Key(色彩差异键)

Color Difference Key 也可称为"颜色差值键控",选择 Effect(效果)>Keying(键控)>Color Difference Key(颜色差异键)命令,通过对画面的两个不同颜色进行键控抠像,形成两个蒙版,即蒙版 A(Matte Partial A)和蒙版 B(Matte Partial B)。其中蒙版 B 是基于键控色的,而蒙版 A 是键控色之外的蒙版区域，然后组合两个蒙版，得到第三个蒙版，称为 Alpha 蒙版，Color Difference Key(颜色差值键控)产生一个明确的透明值，如图 5-36 所示，调整参数如下，得到实际的键控效果，如图 5-37 所示。

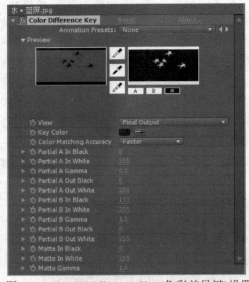

图 5-36　Color Difference Key(色彩差异键)设置　　　图 5-37　应用键控后的效果

具体参数含义如下。

- Preview：预览视图。左侧为素材视图，用于显示源素材画面的略图。右侧为蒙版视图，用于显示调整的蒙版情况，单击下面的 A B α 分别查看蒙版 A、蒙版 B 和 Alpha 蒙版。

键控滴管：用于从素材视图中选择键控色。

黑滴管：用于在蒙版视图中选择透明区域。

白滴管：用于在蒙版视图中选择不透明区域。

- View：用于切换合成窗口中的显示，可以选择多种视图。
- Key Color：用于选择键控色，可以使用调色板，或用滴管在合成窗口或层窗口中选择。
- Color Matching Accuracy：用于设置颜色匹配的精度，可选择Faster更快或Accurate更精确。
- Partial A：对蒙版 A 的参数精确调整。
- Partial B：对蒙版 B 的参数精确调整。
- Matte：用于对 Alpha 蒙版的参数精确调整。

在参数实际调节中，使用白滴管，在 Alpha 蒙版视图中白色(不透明)区域中最暗的部位单击，设置不透明区域；使用黑滴管，在 Alpha 蒙版视图中黑色(透明)区域中最亮的部位单击，设置透明区域。

5.4.2　Color Key(色彩键)

对于单一的背景颜色，可称为键控色，选择 Effect(效果)>Keying(键控)>Color Key(色彩键)命令。在图层中选择应用 Color Key，用吸管吸取颜色选择一个键控色，被选颜色部分变为透明。同时可以控制键控色的相似程度，调整透明的效果，还可以对键控的边缘进行羽化，消除"毛边"的区域，如图 5-38 所示。

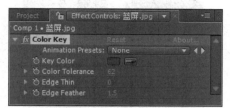

图 5-38　调整色彩键参数

具体参数含义如下。

- Key Color(键色)：用于选取要进行抠像的颜色。在效果控制窗口中，单击小吸管，鼠标箭头变成吸管状，然后在合成预览窗口中的背景颜色区域单击一下，或者单击颜色方块，弹出颜色对话框，用 HSL 或 RGB 方式指定一个颜色。
- Color Tolerance(颜色容差)：可以通过调整此项来改善电脑对背景颜色的分辨精度，值越小，颜色范围越小。
- Edge Thin(薄化边缘)：这个选项是用来更为细致地调整键控边缘，正值表示扩大蒙版边缘范围，负值表示缩小蒙版边缘范围。
- Edge Feather(羽化边缘)：用于羽化键控边缘，产生细腻、稳定的键控蒙版。当背景颜色不容易被电脑分辨的时候，抠像后的主体边缘会显得比较生硬，通过这个选项的调整，可以使主体的边缘虚化，从而达到与背景融合的效果。调整参数后的抠像效果如图 5-39 所示。

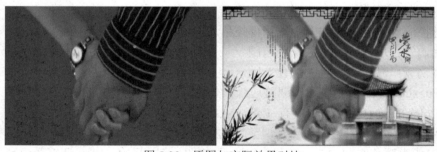

图 5-39　原图与实际效果对比

5.4.3　Color Range(颜色范围键控)

Effect(效果)>Keying(键控)>Color Range(颜色范围键控)是对以上两种键控功能进行扩展的滤镜，因为以上两种都是对单色的抠像，而该滤镜则不然，颜色范围键控可以通过对指定的颜色范围产生透明，可以应用的色彩空间包括Lab、YUV和RGB。这种键控方式适合应用在背景中包含有多个颜色、背景亮度不均匀和包含相同颜色阴影的视频中。

为图层添加颜色范围键控，如图 5-40 所示。

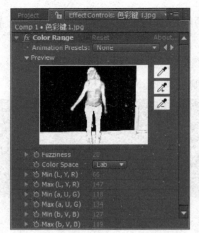

图 5-40　Color Range(颜色范围键控)设置

调整参数，实际效果如图 5-41 所示。

图 5-41　原图和应用 Color Range(颜色范围键控)后效果对比

- Preview(预览)：用于预览 Alpha 通道。
- 键控滴管：用于在视图中选择键控色。
- 加滴管：增加键控色的颜色范围。
- 减滴管：减少键控色的颜色范围。
- Fuzziness(柔化度)：用于调整边缘柔化度。
- Color Space(颜色空间)：有 Lab、YUV 和 RGB 可供选择。
- Min/Max(最小/最大)：精确调整颜色空间参数，(L，Y，R)、(a，U，G)和(b，V，B)代表颜色空间的 3 个分量，Min 调整颜色范围开始，Max 调整颜色范围结束。

5.4.4　Difference Matte(差值蒙版)

Difference Matte(差值蒙版)通过比较两层画面，键出相应的位置和颜色相同的像素，使用时选择 Effect(效果)>Keying(键控)>Difference Matte(差值蒙版)命令。最典型的应用是静态背景、固定摄像机、固定镜头和曝光，只需要一帧背景素材，然后让对象在场景中移动，效果控制参数如图 5-42 所示。

图 5-42 Difference Matte(差值蒙版)设置

具体参数含义如下。

- View(视图)：可以切换合成预览窗口的视图。选择 Final Output(最终输出结果)、Source Only(显示源素材)和 Matte Only(显示蒙版视图)。
- Difference Layer(差异层)：选择用于比较的差值层，None 表示不选择层列表中的某一层。
- If Layer Sizes Differ(如果层尺寸不同)：用于当两层尺寸不同的时候，可以选择 Center 将差值层放在源层中间比较，其他的地方用黑色填充；Stretch to Fit 伸缩差值层，使两层尺寸一致，不过有可能使背景图像变形。
- Matching Tolerance(匹配容差)：用于调整匹配范围，控制透明颜色的容差度，数值低时产生透明度较高，数值高时产生透明度较低。
- Matching Softness(匹配柔化)：用于调整匹配的柔和程度，可调节透明区域与不透明区域的柔和程度。
- Blur Before Difference(差异前模糊)：用于模糊比较的像素，从而清除合成图像中的杂点，而并不会使图像模糊。

5.4.5 Extract(抽取键控)

Extract(抽取键控)的工作原理是根据指定的一个亮度范围来产生透明，亮度范围的选择基于通道的直方图(Histogram)，抽取键控适用于以白色或黑色为背景拍摄的素材，或者前、后背景亮度差异比较大的情况，也可以用来消除阴影。选择Effect(效果)>Keying(键控)>Extract(抽取键控)命令，弹出如图 5-43 所示的参数设置。

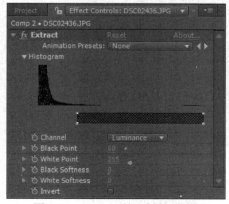

图 5-43 Extract(抽取键控)设置

参数含义如下。

- Histogram(直方图)：用于显示从暗到亮的亮度标尺上分布的像素数量，控制面板用于调整透明的变化范围。
- Channel(通道)：用于选择应用抽取键控的通道，可以选择 Luminance 通道、Red 通道、Green 通道、Blue 通道和 Alpha 通道。
- Black Point(黑色部分)：设置黑点，小于黑点的像素透明，可扩大或缩小透明范围。
- White Point(白色部分)：设置白点，大于白点的像素透明，可扩大或缩小透明范围。
- Black Softness(黑色柔和)：用于设置左边暗区域的柔和度。
- White Softness(白色柔和)：用于设置右边亮区域的柔和度。
- Invert(反转)：用于反转键控区域。

添加 Extract(抽取键控)效果，实际效果如图 5-44 所示，分别是键控原图、背景图和效果图。

图 5-44　原图和效果对比

5.4.6　Inner/Outer Key(轮廓键控)

Inner/Outer Key 特效不能单独使用而是需要借助蒙版来实现，它适用于动感不是很强的影片，选择 Effect(效果)>Keying(键控)>Inner/Outer Key(轮廓键控)命令可添加。从制作的效果来看，Inner/Outer Key 在处理毛发效果方面表现得比较好，参数设置如图 5-45 所示。

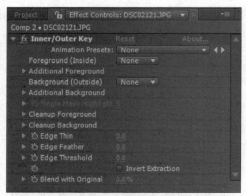

图 5-45　Inner/Outer Key(轮廓键控)设置

具体参数含义如下。

- Foreground (Inside)：选择前景层。

- Additional Foreground(添加前景层)：用于在有多个前景层时使用。
- Background (Outside)：选择背景层。
- Additional Background(添加背景层)：用于在有多个背景层时使用。
- Single Mask Highlight(高光设置)：用来设置单个蒙版高光的大小数值。
- Cleanup Foreground(提取前景层)：在前景层中继续提取，进行深加工。
- Cleanup Background(提取背景层)：与提取前景层一样，它是在背景层中继续提取进行深加工的。
- Edge Thin(薄化边缘)：用来更为细致地调整抠像后的 Alpha 通道。
- Edge Feather(羽化边缘)：用来羽化蒙版的边缘。
- Edge Threshold(边缘阈值)：用来设置蒙版边缘的大小。
- Invert Extraction(反转蒙版)：用来将蒙版反转。
- Blend with Original(融合)：将前景层和背景层进行混合，在这里可以调整混合的程度。

具体操作方法如下。

(1) 选择 Composition(合成)>New Composition(新建合成)命令，弹出 Composition Setting 对话框，命名为"轮廓键控"，设置 Preset 为 PAL D1/DV，帧尺寸为 720×576，时间长度为 5 秒，单击 OK 按钮保存设置。

(2) 将人物素材和背景素材拖曳到时间轴窗口中，选中人物素材，利用工具面板中的钢笔工具，在合成预览窗口中，沿着人物的外侧边缘绘制一个封闭的路径，如图 5-46 所示，将绘制的路径命名为"outer"。

(3) 使用同样的方法，在合成预览窗口中沿着人物的内侧边缘绘制一个封闭的路径，如图 5-47 所示，将绘制的路径命名为"inner"。

图 5-46　绘制外部路径

图 5-47　绘制内部路径

(4) 在时间轴窗口中，按下快捷键 M，打开蒙版属性，将"outer"和"inner"的蒙版合成模式设置为 None，屏蔽其蒙版功能，只作为 Inner/Outer Key(轮廓键控)的参考路径，如图 5-48 所示。

(5) 选中人物素材，添加 Effect(效果)>Keying(键控)>Inner/Outer Key(轮廓键控)特效，在特效控制面板中，将 Foreground (Inside)选择前景层设置为蒙版"inner"，将 Background (Outside)选择背景层设置为蒙版"outer"，After Effects 将根据两个区域中间的像素差进行键出抠像，效果如图 5-49 所示。

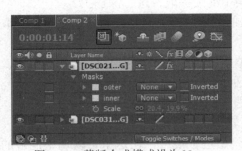

图 5-48　蒙版合成模式设为 None

图 5-49　实际效果

(6) 如果在实际操作过程中，还需要增加内部蒙版路径或外部蒙版路径，可在 Additional Foreground(添加前景层)和 Additional Background(添加背景层)中添加绘制好的蒙版路径。如果需要修改抠像边缘范围的效果，可以调整 Edge Thin(薄化边缘)、Edge Feather(羽化边缘)和 Edge Threshold(边缘大小)等参数。

但是，Inner/Outer Key(轮廓键控)对于动态素材的抠像比较麻烦，因为需要对动态画面设置蒙版路径的关键帧，对于动作幅度小、时间比较短的视频比较合适。

5.4.7　Linear Color Key(线性色键)

Linear Color Key(线性色键)是一个非常标准的线性键，它可以包含半透明的区域，选择 Effect(效果)>Keying(键控)>Linear Color Key(线性色键)命令可添加。它的工作原理与上面提到过的 Extract(抽取键控)有些类似，都是根据颜色范围来工作的。线性色键根据 RGB 彩色信息或 Hue 色相及饱和度信息，与指定的键控色进行比较，产生透明区域。之所以叫作线性键，也正是因为可以指定一个色彩范围作为键控色，它用于大多数对象，不适合半透明对象，如图 5-50 所示。

参数的具体含义如下。

● Preview(预览)：它分为两个视图，分别是左边的素材视图和右边的预览视图。
视图中间的 3 个工具按从上至下的顺序，分别是键控滴管、加滴管和减滴管。
🖊键控滴管：用于在视图中选择键控色。
🖊加滴管：用于为键控色增加颜色范围，从素材视图或预览视图中选择颜色。
🖊减滴管：用于为键控色减去颜色范围，从素材视图或预览视图中选择颜色。
● View(视图)：可以切换合成预览窗口的视图。选择 Final Output 最终输出结果、Source Only 显示源素材和 Matte Only 显示蒙版视图。
● Key Color(键控颜色)：设置基本键控色，可以使用颜色方块选择或使用其右边的滴管工具在合成窗中直接单击来选择。

- Match colors(匹配颜色)：用于选择匹配颜色空间，可以选择 Using RGB 使用 RGB 彩色、Using Hue 使用色相和 Using Chorma 使用饱和度。
- Matching Tolerance(匹配容差)：用于调整匹配范围，控制透明颜色的容差度。
- Matching Softness　用于调整匹配的柔和程度。
- Key Operation(键控操作)：用于选择 Key Colors 键出颜色和 Keep Colors 保留颜色。

用滴管选择键出颜色，对参数进行修改，实际效果如图 5-51 所示。

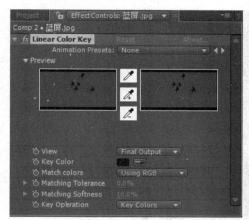

图 5-50　Linear Color Key(线性色键)设置

图 5-51　实际效果

5.4.8　Luma Key(亮度键)

对于明暗反差很大的图像，可以应用亮度键使背景透明，亮度键设置某个亮度值为"阈值"，低于或高于这个值的亮度设为透明。

使用 Luma Key 亮度键的方法如下。

(1) 选择要应用亮度键的图层，选择 Effect(效果)>Keying(键控)>Luma Key(亮度键)命令，弹出如图 5-52 所示的特效面板。

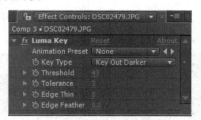

图 5-52　Luma Key(亮度键)

(2) 在 Key Type 处选择键控类型，有 4 种可以选择：Key Out Brighter 键出的值大于阈值，把较亮的部分变为透明；Key Out Darker 键出值小于阈值，把较暗的部分变为透明；Key Out Similar 键出阈值附近的亮度；Key Out Dissimilar 键出阈值范围之外的亮度。

(3) 调整其他参数，分别如下。

- Threshold(阈值)：用于设置键出阈值的参数。
- Tolerance(容差)：用于控制容差范围，值越小，亮度范围越小。

● Edge Thin(薄化边缘)：用于调整键控边缘，正值扩大蒙版范围，负值缩小蒙版范围。

● Edge Feather(键控羽化)：用于羽化键控边缘。

参数调整后的实际效果如图 5-53 所示。

在 After Effects 标准版中，Color Key 色键和 Luma Key 亮键都是属于"二元键控"，即键控的图像，或者完全透明，或者完全不透明，没有半透明的区域，这主要运用于有锐利边缘的图层。

图 5-53　实际效果

5.4.9　Spill Suppressor(溢色抑制)

Spill Suppressor 也称为溢出控制器，选择 Effect(效果)>Keying(键控)>Spill Suppressor(溢色抑制)命令，打开如图 5-54 所示的参数设置。它本身并不对画面进行抠像处理，而是多与其他的键控滤镜配合使用，因为它可以去除其他键控应用后图像残留的键控色残迹。如果背景是饱和度很高的纯色，只用其他的滤镜就可以达到一个非常好的抠像效果，或在被抠主体的边缘略做羽化达到完美的抠像效果。可是当背景的颜色不纯正，或是背景杂乱的时候，Spill Suppressor 就可以大显身手了。

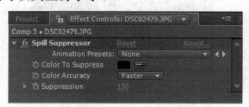

图 5-54　Spill Suppressor(溢色抑制)

具体参数含义如下。

● Color To Suppress(溢出颜色)：可以直接单击色块，或使用右侧的吸管，在屏幕上直接单击相似或相同的颜色。

● Color Accuracy (色彩精确度)：用于选择色彩精准度算法，可以选择 Faster 更快(主要针对纯正的红、绿、蓝、黄色)和 Better 更好。

- Suppression(抑制程度)：用于设置色彩的抑制程度。

在抠像过程中，如果使用 Spill Suppressor(溢色抑制)还不能得到满意的结果，可以使用效果中的 Hue/Saturation(色相/饱和度)效果，通过降低饱和度，从而弱化键控色，得到一个满意的效果。

5.5　蒙版与键控实例

5.5.1　Mask 变换

(1) 启动 After Effects CC 软件，选择 Composition(合成)>New Composition(新建合成)命令，弹出 Composition Setting 对话框，命名为“mask 变换”，设置 Preset 为 PAL D1/DV，帧尺寸为 720×576，时间长度为 5 秒，单击 OK 按钮保存设置。

(2) 在时间轴窗口的空白区域单击鼠标右键，选择 New(新建)>Solid(固态层)命令，或按快捷键 Ctrl+Y，新建一个纯白色固态层，在固态层合成预览窗口中，在图层中心点位置单击按住鼠标左键，右手同时按住 Ctrl+Shift 键，拖曳鼠标左键，创建一个以当前点为中心点的正方形蒙版，如图 5-55 所示。

(3) 单击合成窗口下方的下三角，选择 Grid 网格选项，移动固态层到网格的中心点，如图 5-56 所示，方便以后平均添加蒙版控制点。

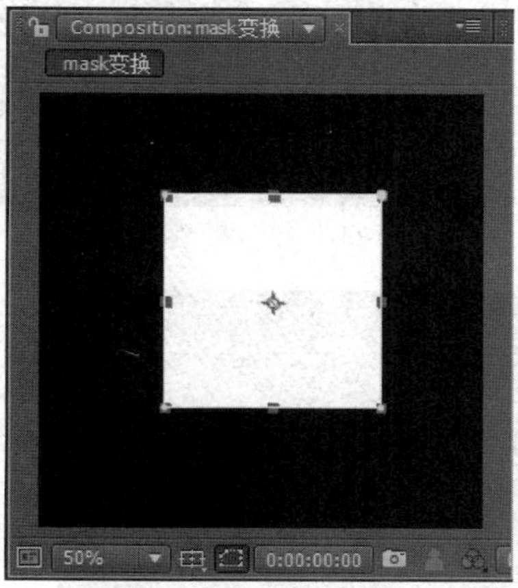

图 5-55　创建正方形蒙版

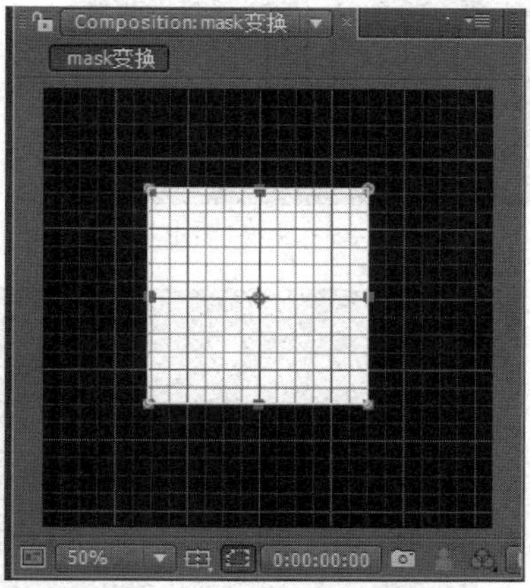

图 5-56　移动正方形到网格中心

(4) 利用钢笔工具在原有矩形 Mask 的 4 个点中间新添加 4 个蒙版控制点，如图 5-57 所示。利用 Shift 键，同时选中 4 个角上的控制点进行双击，出现矩形框后，按住 Shift+Ctrl 键，按住鼠标左键向中间拉伸，形成如图 5-58 所示的蒙版形状。

(5) 选择转换贝塞尔曲线工具，将蒙版形状转换为圆角星形状，如图 5-59 所示。按快捷键 M 展开 Mask 的属性，在开始位置 0 秒位置设置 Mask Shape 关键帧，将时间指针移至结束位置 5 秒位置，变换 4 个控制点的形状，如图 5-60 所示，时间轴上的关键帧如图 5-61 所示。

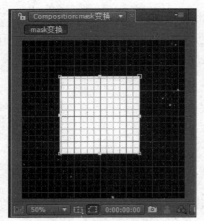

图 5-57　添加 4 个控制点

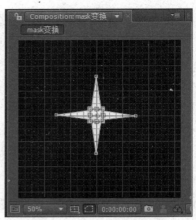

图 5-58　移动 4 个控制点

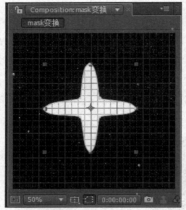

图 5-59　开始帧形状

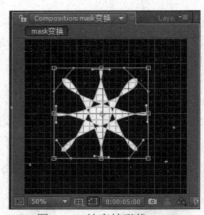

图 5-60　结束帧形状

图 5-61　时间轴上的关键帧

（6）为图层添加 Effect(效果)>Trapcode>3D Stroke(3D 描边)效果，如图 5-62 所示。3D 描边是 After Effects 中的一个插件，安装后需要注册，否则会在画面上出现一个红色的十字叉。可在特效控制面板的 3D Stroke 特效上方选择 Options 选项，弹出如图 5-63 所示的对话框，选择 Enter Key，将注册码输入就可以进行注册，消除掉红色的十字叉。

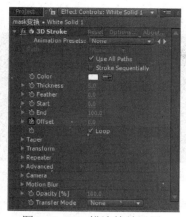

图 5-62　3D 描边特效设置

图 5-63　注册 3D 描边特效

(7) 对 Offset 设置关键帧,0 秒为 0,结束为 100,勾选 Loop(循环)选项,打开 Taper(锥形选项)的扩展三角,如图 5-64 所示。勾选 Enable(启用)锥形选项,打开 Repeater(重复选项)的扩展三角,如图 5-65 所示。勾选 Enable(启用)重复选项,将 Z Displace(Z 轴偏移)设为 0,Z Rotate(Z 轴旋转)设置为 8,这个参数的设置可以根据用户设置的矩形蒙版有所调整。

图 5-64　启动锥形选项

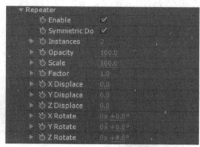

图 5-65　启用重复选项

(8) 为图层添加 Effect(效果)>Stylize(风格化)>Glow(眩光)效果,特效控制面板如图 5-66 所示,将 Glow Threshold(眩光阈值)设置为 45%,Glow Radius(眩光半径)设置为 35,Glow Intensity(眩光强度)设置为 1.5。

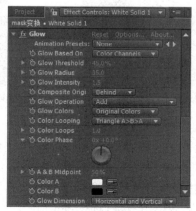

图 5-66　眩光特效设置

(9) 实际效果如图 5-67 所示。

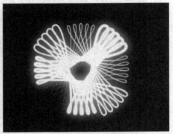

图 5-67　Mask 变换效果

5.5.2　蒙版动画

(1) 启动 After Effects CC 软件，选择 Composition(合成)>New Composition(新建合成)命令，弹出 Composition Setting 对话框，命名为"mask 变换"，设置 Preset 为 Custom(自定义)，帧尺寸为 800×600，时间长度为 10 秒，单击 OK 按钮保存设置。

(2) 导入人物静态图片到时间轴窗口中，利用钢笔工具在人物面部勾画 Mask 路径，注意不要形成封闭的路径，每一段路径有开始点和结束点，勾画的顺序以绘画为基础。创建蒙版路径时，可以利用快捷键 G 对钢笔工具进行转换，按 Ctrl 键断开钢笔，利用 Shift 键连接上断点，图 5-68 所示为合成预览窗口中创建的 Mask 路径，按快捷键 M，打开 Mask 属性，图 5-69 所示为时间轴窗口中显示创建的所有 Mask。

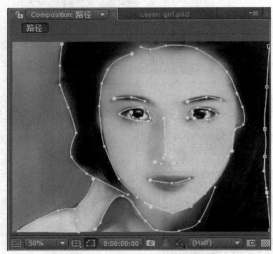

图 5-68　合成预览窗口中创建 Mask

图 5-69　时间轴窗口中显示的所有 Mask

(3) 在时间轴窗口中框选所有的 Mask，按快捷键 Ctrl+C 复制所有的 Mask。

(4) 选择 Composition(合成)>New Composition(新建合成)命令，弹出 Composition Setting 对话框，命名为"最后合成"，设置 Preset 为 Custom(自定义)，帧尺寸为 800×600，时间长度为 10 秒，单击 OK 按钮保存设置。

(5) 在时间轴窗口的空白区域单击右键，选择 New(新建)>Solid(固态层)命令，弹出 Solid Settings(固态层设置)对话框，设置颜色为深灰色。单击时间轴窗口当前时间显示，弹出如

图 5-70 所示的对话框，将时间设置为 5 秒，使时间指针快速定位到 5 秒位置，按快捷键 Alt+]，设置编辑出点。按快捷键 Ctrl+V，将所有的 Mask 复制到固态层，如图 5-71 所示。

图 5-70　定位到 5 秒位置

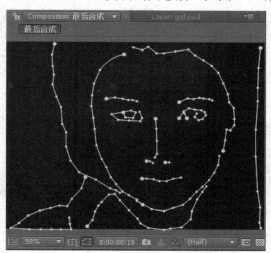

图 5-71　粘贴 Mask 到固态层

　　(6) 选择固态层，添加 Effect(效果)>Generate(产生)>Stroke(描边)特效，打开特效面板，勾选 All mask，将 Brush Size 设置为 3，对 End 设置关键帧，0 秒为 0，3 秒为 100，如图 5-72 所示。取消合成预览窗口下方的■Mask 选择按钮，合成预览窗口中的显示如图 5-73 所示。

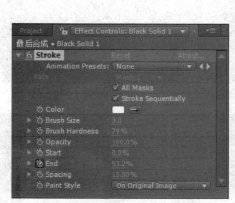

图 5-72　Stroke(描边)特效设置

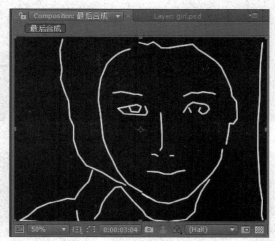

图 5-73　合成预览窗口

　　(7) 将人物素材拖曳到时间轴窗口中，放置到固态层的下方，入点设置在 4 秒位置，出点在 8 秒位置，添加 Effect(效果)>Stylize(风格化)>Threshold(阈值)特效，Level 设为 120，如图 5-74 所示，实际效果如图 5-75 所示。

图 5-74　阈值特效设置　　　　　　　　　图 5-75　添加特效效果

(8) 选择第二层的人物图片，添加 Effect(效果)>Transition(转场)>Block Dissolve(块溶解)特效，设置关键帧 Transition Completion(转场完成度)，4 秒为 0，6 秒为 100。

(9) 从项目窗口中拖曳人物素材到时间轴窗口，放置到图层的最下方，入点位置设置在 6 秒位置，出点位置设置为 10 秒。对三层图片分别设置不透明度关键帧，做出逐渐显示的效果，如图 5-76 所示，实际显示如图 5-77 所示。

图 5-76　不透明度设置

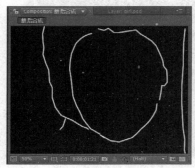

图 5-77　实际效果

5.5.3　Keylight 抠像应用

Keylight是一个非常实用的屏幕抠像插件，它对于处理反射、半透明区域和毛发区域效果非常明显。Keylight作为插件集成了一系列包括Alpha通道、蒙版等其他操作以满足特定需求，同时还包括不同颜色校正、抑制和边缘校正工具来微调抠像结果。由于抑制颜色溢出是内置的，因此抠像结果看起来更加像照片。

具体操作步骤如下。

(1) 导入"抠像背景.Mov"和"抠像素材.Mov"文件到项目窗口中，拖曳两个文件到创建合成图层图标，创建一个与素材尺寸一致的合成工程。

(2) 选择抠像素材，添加 Effect(效果)>Keying(键控)>Keylight(1.2)特效，在特效控制面板中可以看到关于 Keylight 的一些参数设置，如图 5-78 所示。

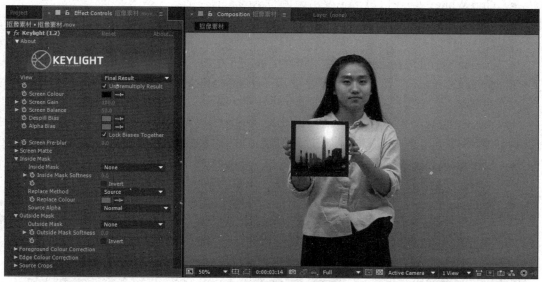

图 5-78　Keylight 特效参数

Keylight 的主要参数含义如下。

- View：查看模式，单击下拉三角，可以选择 Source(在视窗中显示源图像)、Source Alpha(源图像的 Alpha 通道)、Screen Matte(显示当被扣掉蓝绿屏后的 Alpha 结果)、Inside Mask(内部遮罩)、Outside Mask(外部遮罩)、Combined Matte(合并后的遮罩，如果有内遮罩、外遮罩，那么这个选项就是显示它们合并后的结果)、Status(状态模式，用于检查 Alpha 通道。如果 Alpha 通道并不完美，例如前景有透明的地方，直接去看 Alpha 通道并不能很容易地看出来，利用状态选项就可以轻松地显示出 Alpha 通道的结果。灰色为半透明，黑色为透明，白色为不透明)、Intermediate Result(中间结果，即显示非预乘的结果)和 Final Result(最终结果，显示最终调整后的结果)等不同模式。
- Screen Colour：选择屏幕颜色，可以用吸管在合成窗口中单击要抠取的颜色。
- Screen Gain：设置屏幕增益的数值，通过调大或调小数值，对画面中的透明区域进行设置。

- Screen Balance：设置屏幕平衡的数值，通过调大或调小数值，对画面中的不透明区域进行设置。一般蓝屏抠像时，此参数在 0.95 左右效果最佳。如果绿屏抠像时，数值在 0.5 左右得到的效果最佳。在某些情况下，这两个数值得到的效果都不理想，可以尝试把参数设置为 0.05、0.5、0.95 等数值进行尝试，以选择最佳的效果。
- Despill Bias：去除溢色偏移。
- Alpha Bias：透明度偏移。
- Screen Pre-blur：预模糊。如果原素材有噪点，可以调大此参数的值，来模糊掉太明显的噪点，从而得到比较好的 Alpha 通道。

Screen Matte 选项主要包括参数的含义如下。

- Clip Black：切除黑色，主要用于调整 Alpha 的暗部。
- Clip White：切除白色，主要用于调整 Alpha 的亮部。
- Clip Rollback：切除反馈，主要用于恢复由于调节以上两个参数后损失的 Alpha 边缘的细节。
- Screen Shrink/Grow：可以扩大和收缩 Alpha 边界，常用于 Inside Mask(内部遮罩)。
- Screen Softness：柔化 Alpha，主要用于 Inside Mask(内部遮罩)，或者噪点太明显的时候软化一下。
- Screen Despot Black：去除黑点，如果 Alpha 的亮部区域有少许黑点或者灰点的时候(即透明和半透明区域)，可以通过调节此参数去除那些黑点和灰点。
- Screen Despot White：去除白点，如果 Alpha 的暗部区域有少许白点或者灰点的时候(即不透明和半透明区域)，可以通过调节此参数去除那些白点和灰点。
- Replace Colour：颜色替换，即 Alpha 的边缘用什么方式来替换。当调节 Screen Shrink/Grow 参数的时候，Alpha 边缘会扩大，那么扩大的边缘是什么颜色，即靠此参数选择，如图 5-79 所示。

图 5-79 填充 Alpha 边缘

Replace Method(替换方式)分别为 None(为黑色)、Source(即显示源素材的颜色，蓝屏为蓝，绿屏为绿)、Hard Colour(填充下面的 Replace Colour 替换颜色所选择的颜色)和 Soft Colour(软性颜色，软件会根据前景的颜色，自动得到一个自然过渡的颜色)。

Inside Mask 选项主要包括参数的含义如下。

- Inside Mask：选择绘制的遮罩作为内部遮罩。
- Inside Mask Softness：设置内部遮罩的柔化度。
- Replace Method 和 Replace Colour：与上面的 Screen Replace Colour(屏幕颜色替换)道理相同，因为 Inside Mask 同样有一个边缘，调节这个就是调节内部遮罩的边缘，以使它能与图像很好地融合。
- Source Alpha：分为 Ignore(不继承原素材的 Alpha 通道)、Add To Inside Mask(加到 Inside Mask 里)、Normal(常规，即继承原素材 Alpha 通道)。

Foreground Colour Correction 选项可以进行前景颜色校正，勾选 Enable Colour Correction(启用颜色校正)，可以调节包括 Saturation(饱和度)、Contrast(对比度)、Brightness(亮度)、Colour Suppression(色彩抑制)和 Colour Balancing(色彩平衡)等参数，进行前景的颜色校正。

Edge Colour Correction 选项可以进行边缘颜色校正，勾选 Enable Edge Colour Correction(启用边缘颜色校正)，可以调节包括 Edge Hardness(边缘硬度)、Edge Softness(边缘柔化)、Edge Grow(边缘扩张) Saturation(饱和度)、Contrast(对比度)、Brightness(亮度)、Edge Colour Suppression(边缘色彩抑制)和 Colour Balancing(色彩平衡)等参数，进行边缘颜色校正。

Source Crops(源裁切)选项可以对素材进行边缘裁切，选择 X Method、Y Method，设置上下左右的裁切量，如图 5-80 所示。

图 5-80　源裁切效果

(3) 在 View 查看模式中选择 Final Result(最终结果)，在 Screen Colour(屏幕颜色)后面，用吸管在合成窗口中单击绿色，可以看到合成窗口中绿色被抠掉，露出后面的背景。View 查看模式选择 Screen Matte(屏幕蒙版)，在合成监视器窗口中可以看到黑白蒙版显示，如图 5-81 所示。

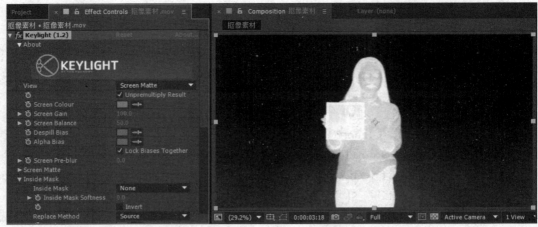

图 5-81　显示黑白蒙版

(4) 从图中可以看出，黑白蒙版中的黑色和白色并不纯净，中间夹杂着很多灰色。蒙版画面除了边缘可以有适当的灰色过渡之外，其他尽量以纯粹的黑白存在，否则在合成后的画面中就会有前景或背景的痕迹留存，影响抠像效果。调节 Screen Gain(屏幕增益)数值，使黑色部分尽量接近全黑，数值调节为 124。调节 Screen Balance(屏幕平衡)，使白色部分尽量接近全白，数值调节为 0.5。当 Screen Balance(屏幕平衡)数值设置为 0.5 时，仍有少量灰色存在于白色部分上，我们可以展开 Screen Matte(屏幕蒙版)选项，调节 Clip White(切除白色)参数为 75，蒙版效果如图 5-82 所示。

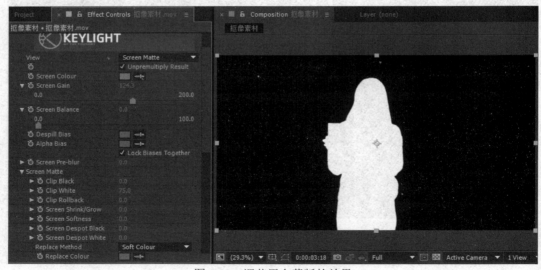

图 5-82　调节黑白蒙版的效果

(5) 在View查看模式中选择Final Result(最终结果)，放大监视器窗口，我们可以看到人物的边缘轮廓上有一些杂色显示。调节Clip Black(切除黑色)参数为20，调节Clip Rollback(切除反馈)数值为5，恢复调节参数后损失的Alpha边缘的细节，设置Screen Shrink/Grow(扩大和收缩Alpha边界)为-2，设置Screen Softness(柔化Alpha)数值为0.2，效果如图5-83所示。

图 5-83　调节 Alpha 边缘

（6）从上图中，我们可以看出前景人物和背景风景之间有一些不统一的地方。展开 Foreground Colour Correction 选项进行前景颜色校正，勾选 Enable Colour Correction(启用颜色校正)，调节 Saturation(饱和度)为 80、Brightness(亮度)为-15 等，进行前景的颜色校正。展开 Edge Colour Correction 选项进行边缘颜色校正，勾选 Enable Edge Colour Correction(启用边缘颜色校正)，调节包括 Edge Softness(边缘柔化)为 5，Saturation(饱和度)为 80 等，进行边缘颜色校正，如图 5-84 所示。

图 5-84　调节前景和边缘色彩

（7）全选"抠像背景.Mov"和"抠像素材.Mov"，选择 Layer(图层)> Pre-Compose(预合成)命令，命名为"Key 合成"。添加 Effect(效果)>Stylize(风格化)>Glow(眩光)特效，将 Glow Threshold(眩光阈值)设置为 100%，Glow Radius(眩光半径)设置为 45，Glow Intensity(眩光强度)设置为 1.5。添加 Effect(效果)>Color Correction(颜色校正)>Curves(曲线)特效，选择

109

Blue Channel(蓝色通道)，调节蓝色曲线偏蓝绿色。添加 Effect(效果)>Color Correction(颜色校正)>Auto Contrast(自动对比度)特效，使得人物与背景的整体效果统一，具体效果如图 5-85 所示。

图 5-85　具体效果

第 **6** 章

三维空间效果

6.1 认识三维空间

摄像机、照相机等设备所拍摄的画面都是二维图像，即只有 X 轴和 Y 轴所形成的平面。现实生活中，我们看到的影像全是三维的，三维空间由 X、Y、Z 三个轴组成，景物有正面、侧面、反面和底面，通过调整三维空间的视点，能够看到不同的内容。

三维空间中的对象与所处空间相互影响，产生阴影、遮挡等，由于观察视角的关系，还会产生透视、聚焦等影响，如图 6-1 所示。

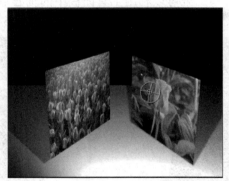

图 6-1　三维空间效果

6.2 三维空间合成的工作环境

三维图层的操作与二维图层基本类似，只是对象图层处于三维空间内。如果要将图层属性转换成 3D 属性，只需在层属性开关面板中打开 3D 属性开关，展开属性层，就可以发现图层的属性均出现了 Z 轴的参考信息。另外，在属性区域新增加了 Material Options(材质)属性，如图 6-2 所示。合成预览窗口中出现了 R、G、B 三色坐标，分别对应 X、Y、Z 轴，如图 6-3 所示。

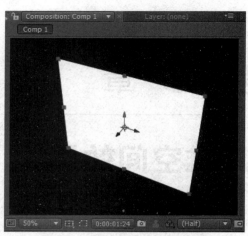

图 6-2　时间轴中展开的 3D 属性设置　　　　图 6-3　合成预览窗口中的坐标

6.2.1　操作 3D 属性

单击图层属性开关面板前面的扩展三角，打开 3D 属性开关，可以看到 3D 属性包括 Transform(变换)属性和 Material Options(材质)属性。

1. Transform(变换)属性

- Anchor Point(轴心点)属性：相对于二维对象的属性，三维对象的轴心点属性包括设置 X、Y、Z 轴，默认状态下轴心点在图层的中心点，为方便地打开轴心点属性，可使用快捷键 A。与二维可以利用工具面板中的轴心点工具 进行操作一样，三维的轴心点也可以通过合成预览窗口进行移动，如图 6-4 所示。

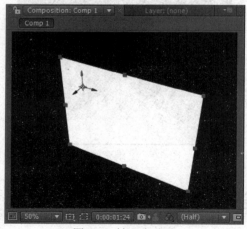

图 6-4　轴心点移动

- Position(位移)属性：位移属性用来实现对图层位置的变换，三维图层由 X 轴、Y 轴和 Z 轴 3 个参数组成。为方便地打开位移属性，可使用快捷键 P，对位移属性设置关键帧，如图 6-5 所示。

建立 3D 层位移后，可选择 Layer(图层)>Transform(变换)>Auto-Orientation(自动朝向适

应)命令，弹出如图 6-6 所示的对话框。

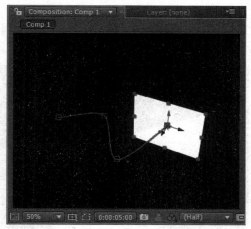

图 6-5　位移属性关键帧轨迹　　　　　图 6-6　自动朝向适应设置

Off：图层在路径上移动时总是朝向一个方向。

Orient Along Path：对象自动定向到路径。

Orient Towards Camera：对象会始终朝向场景中的摄像机方向。

- Scale(缩放)属性：缩放属性用来实现对图层的缩放控制，三维图层由 X 轴、Y 轴和 Z 轴 3 个参数组成。为方便地打开缩放属性，可使用快捷键 S。缩放属性中的 ⚬ 链接图标表示等比例缩放，使用它可以断开 X 轴、Y 轴和 Z 轴之间的等比缩放，实现图层的变形缩放。对缩放属性设置关键帧，在图 6-7 中可以看到图层缩放的实际效果。

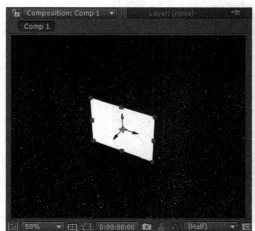
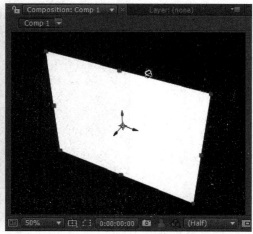

图 6-7　图层缩放效果

- Rotation(旋转)属性：旋转属性用于以轴心点为基准旋转图层。三维图层旋转属性为 4 个：Orientation(定位旋转)可以同时设置 X、Y、Z 轴 3 个轴向，X Rotation(仅调整 X 轴向旋转)、Y Rotation(仅调整 Y 轴向旋转)，Z Rotation(仅调整 Z 轴向旋转)。为方便地打开旋转属性，可使用快捷键 R。

旋转属性以轴心点为基准旋转，对旋转属性设置关键帧，在图 6-8 中可以看到图层旋转的实际效果。

- Opacity(不透明)属性：不透明属性与二维图层相同，为方便地打开不透明度属性，可使用快捷键 T。

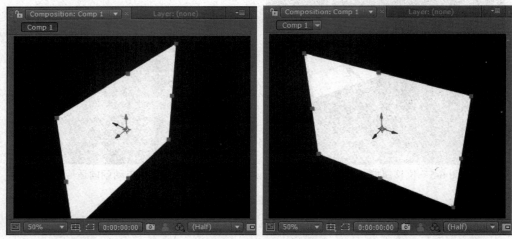

图 6-8 旋转实际效果

2. Material Options(材质)属性

材质属性主要控制光线和阴影的关系，当场景中设置灯光后，材质属性就可以设置光线和投影的效果，展开材质属性的扩展三角后，显示如图 6-9 所示的参数。

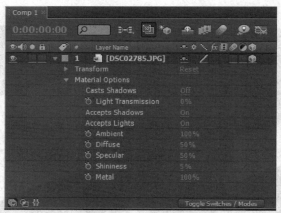

图 6-9 材质属性设置

具体参数含义如下。

- Casts Shadows(投射阴影)：用于决定当前层是否产生阴影。Off 表示关闭阴影设置，On 表示打开阴影设置。
- Light Transmission(光线传输)：用于设置光线穿过图层的比率，数值大时，光线将穿透图层，使阴影具有图层的颜色，增强投影的真实感。

- Accepts Shadows(接受阴影)：用于设置当前图层是否受场景中其他图层阴影的影响。
- Accepts Lights(接受灯光)：用于设置当前图层是否受场景中灯光的影响。
- Ambient(环境影响)：设置当前层受环境光影响的程度，100%时表示完全受环境光影响，0%时表示完全不受环境光影响。
- Diffuse(扩散)：设置当前图层表面的漫反射值，发散级别越高，对象越亮。
- Specular(镜面反射)：设置当前图层上镜面反射高光的亮度，数值越高，反射级别越高，产生的高光点越明显。
- Shininess(发光)：设置当前图层上发光的大小，数值越大，发光越小；数值越小，发光越大。
- Metal(金属)：设置当前图层上金属质感反光的程度，数值越高，质感越强；数值越低，质感越弱。

6.2.2　三维视图

使用过三维软件的用户都知道，在三维空间中要用多角度的视图观察和摆放三维空间中的合成对象。After Effects 为方便用户对三维图层的调整，同样提供了多角度视图显示方式。单击 `Active Camera` 后面的小三角，弹出如图 6-10 所示的菜单，可以选择所需要的视图显示模式，单击 `1 View` 后面的小三角，弹出如图 6-11 所示的菜单，可以合成预览窗口中选择视图的布局方式。

图 6-10　多角度视图显示的选择　　　　图 6-11　视图的布局方式选择

- Active Camera(激活摄像机视图)：相当于摄像机的总控制台。
- Camera(摄像机视图)：在合成图像中新建一个摄像机后，可以对摄像机视图进行调整，以改变视角。在三维空间中进行特效合成，最后输出的都是 Camera 视图所显示的影片。
- 6 个视图：包括 Front(前视图)、Left(左视图)、Top(顶视图)、Back(后视图)、Right(右视图)和 Bottom(底视图)。
- Custom View(自定义视图)：用于对象的调整，不使用任何透视，可以直观看到对象在三维空间中的位置。

视图布局中选择 4 Views(4 视图)布局的方式，如图 6-12 所示。

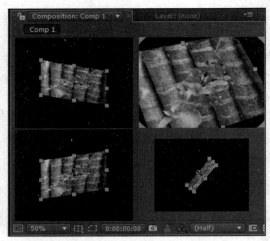

图 6-12　四视图布局显示

6.2.3　坐标体系

在控制三维对象的时候，一般都会依据某种坐标体系进行定位。After Effects 在工具箱面板右侧提供了 3 种坐标体系 ，分别如下。

- Local Axis mode(当前坐标系)：使用当前对象的坐标系作为变换的依据。
- World Axis mode(世界坐标系)：使用当前合成图像空间中的坐标系作为定位的依据，坐标系轴向不会随着物体的旋转而改变，属于绝对坐标系统。
- View Axis mode(视图坐标系)：使用当前视图定位坐标系，也可以称为屏幕坐标系。

6.3　灯光的应用

在 After Effects 的三维空间中，灯光的创建是实现三维场景的一个重要图层。After Effects 可以创建一个或多个灯光照明三维场景，并且可以模拟现实对灯光进行设置和调整，但在显示时，灯光只会显示出它所创造的效果，并不会在视图中显示出来。要在合成图像窗口中显示光影效果，必须保证合成图像不处于 3D Draft 方式下，即 未被按下。

6.3.1　灯光的类型

After Effects 中提供了 4 种类型的灯光，分别如下。

- Parallel(平行光)：类似于太阳光，有无限的光照范围，可以照亮场景中的任何物体或场景，并不会因为距离的原因而衰减，产生很明显的阴影，如图 6-13 所示。
- Spot(聚光灯)：光线从某个点以圆锥形向目标位置发射光线，并形成圆形的光照范围，可调整圆锥角来控制照射范围的大小，可以生成有光照区域和无光照区域，产生很明显的阴影，如图 6-14 所示。

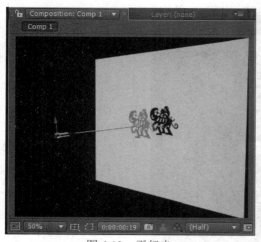

图 6-13　平行光

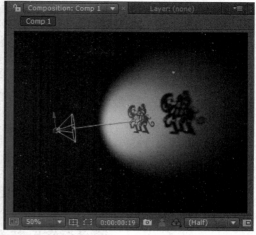

图 6-14　聚光灯

- Point(点光源)：光线从某个点以 360°向四周发射光线，随着光源与对象的距离不同，受光程度也会不同，距离近则光照强，距离远则光照弱，能产生很明显的阴影，如图 6-15 所示。
- Ambient(环境光)：光线无发射点、无方向性，不产生阴影，但可以调整整个画面的亮度，如图 6-16 所示。

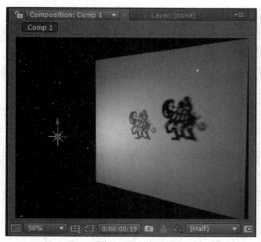

图 6-15　点光源

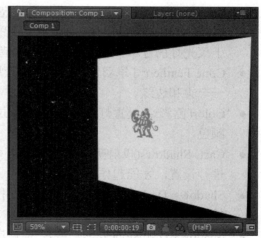

图 6-16　环境光

6.3.2　灯光的创建与属性

　　灯光的创建可以通过多种方法实现，选择 Layer(图层)>New(新建)>Light(灯光)命令，或者在合成时间轴窗口中单击鼠标右键，选择 New(新建)>Light(灯光)命令，或者按快捷键 Ctrl+Shift+Alt+L，打开灯光设置对话框，如图 6-17 所示。

117

图 6-17　创建灯光

灯光属性的具体参数含义如下。

- Light Type(灯光类型)：设置灯光的类型，包括 Parallel(平行光)、Spot(聚光灯)、Point(点光源)和 Ambient(环境光)。
- Intensity(强度)：强度越高，场景越亮，负值时会有吸光作用。
- Cone Angle(灯罩角度)：圆锥角度设置，当灯光类型为 Spot 时，此参数激活，相当于聚光灯的灯罩，角度越大，光照范围越广。
- Cone Feather(灯罩羽化)：当灯光类型为 Spot 时，此参数激活，可以为聚光灯设置一个柔和边缘。
- Color(色彩)：设置灯光的颜色，单击色块，可以在颜色选取对话框中选取需要的颜色。
- Casts Shadows(投射阴影)：指定是否打开阴影属性，需要在图层的材质中对其投影进行设置，才能起作用。
- Shadows Darkness(投影暗度)：控制投影的颜色深度，数值较小时，产生颜色较浅的投影。
- Shadows Diffusion(投影扩散)：根据层与层之间的距离产生柔和的漫反射投影，数值高产生的投影边缘较柔和。

6.3.3　灯光的阴影效果

灯光阴影效果的产生，必须通过调整灯光的参数和图层材质的参数才能实现。灯光的参数中要将 Casts Shadows(投射阴影)打开，如图 6-18 所示，图层材质的参数设置中相应地也需要将 Casts Shadows(投射阴影)打开，调整其他材质的参数，如图 6-19 所示，产生阴影效果。

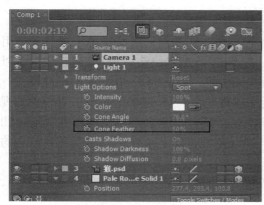

图 6-18　打开灯光投射阴影

图 6-19　打开材质投射阴影

6.4　摄像机的应用

在三维合成中，After Effects 提供摄像机功能。摄像机模拟了真实的摄像机的各种光学特性，并且可以超越摄像机的硬件条件制约，可以灵活地在空间运动，多方位地拍摄场景中的物体对象。

6.4.1　摄像机的创建与属性

摄像机的创建可以通过多种方法实现，选择 Layer(图层)>New(新建)>Camera(摄像机)命令，或者在合成时间轴窗口中单击鼠标右键，选择 New(新建)>Camera(摄像机)命令，或者按快捷键 Ctrl+Shift+Alt+C，打开摄像机设置对话框，如图 6-20 所示。

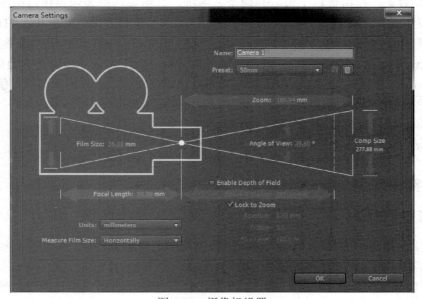

图 6-20　摄像机设置

摄像机属性的具体参数含义如下。

- Name(命名)：为摄像机命名。
- Preset(摄像机预置)：单击预置后面的下拉三角，在弹出的下拉菜单中提供了常用的摄像机镜头，包括 15 毫米广角镜头、标准的 50 毫米镜头、200 毫米长焦镜头以及自定义镜头等。在这几种常见的摄像机镜头里，默认的是 50 毫米的标准镜头，其分辨率和视场角类似于人眼，影像几乎没有畸变。15 毫米广角镜头有较大的视野范围，虽然视野范围极大，看到的空间很广阔，但是会产生空间透视变形。20 毫米长焦镜头可以将远处的对象拉近，视野范围也随之减少，只能观察到较小的空间，但是几乎没有变形的情况出现。
- Units(单位)：单击下拉列表，可以指定设置各项参数使用的单位，包括 Pixel(像素)、Inches(点)和 Millimeters(毫米)3 个选项。
- Measure Film Size(衡量胶片尺寸)：可改变 Film Size(胶片尺寸)的基准方向，包括 Horizontally(水平)方向、Vertically(垂直)方向和 Diagonally(对角线)方向 3 个选项。
- Zoom(变焦)：变焦的值越大，通过摄像机显示的图层大小就越大，视野范围也越小。
- Angle of View(视场角)：角度越大，视野越宽；角度越小，视角越窄。
- Film Size(胶片尺寸)：指的是通过镜头看到的图像实际的大小，值越大，视野越大；值越小，视野越小。
- Focal Length(焦距)：焦距指胶片与镜头距离，焦距短产生广角效果，焦距长产生长焦效果。Zoom(变焦)、Angle of View(视场角)、Film Size(胶片尺寸)和 Focal Length(焦距)可以显示出摄像机的参数设置，当改变其中一项的时候，其他参数也会随之发生改变。
- Enable Depth of Field(启用景深功能)：打开 Enable Depth of Field 选项，可产生镜头聚焦效果，在摄像机上可看到两个范围框，其中虚线框表示为焦点范围框，实线框为实际范围框，因焦点位置不同而产生不同的聚焦效果。配合 Focus Distance(焦点距离)、Aperture(光圈)、F-Stop(快门速度)和 Blur Level(模糊程度)参数来使用。
- Focus Distance(焦点距离)：确定从摄像机开始，到图像最清晰位置的距离。
- Aperture(光圈)：在 After Effects 中，光圈与曝光没关系，仅影响景深，值越大，前后图像清晰范围就越小。
- F-Stop(快门速度)：与光圈相互影响控制景深。
- Blur Level(模糊值)：控制景深模糊程度，值越大越模糊。

6.4.2　调整摄像机的变化属性

1. 调整摄像机视图

可以使用工具箱中的摄像机工具调节摄像机视图，使用工具时，要切换到相应的摄像机视图中观察，相当于在取景器中观察结果。

- 📷(Unified Camera Tool)：选择该工具，将鼠标移动到摄像机视图中，鼠标左键可以控制摄像机沿一个轨道旋转，鼠标右键可以控制摄像机镜头的放大和缩小。

- 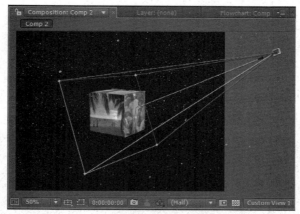（Orbit Camera Tool）：可以控制摄像机沿一个轨道旋转，左右拖动鼠标可水平旋转摄像机，上下拖动鼠标可垂直旋转摄像机。
- （Track X、Y Camera Tool）：可以沿 X 轴、Y 轴平移摄像机视图。
- （Track Z Camera Tool）：可以沿 Z 轴拉远或推进摄像机视图，选择该工具，将鼠标移动到摄像机视图中，向下拖动鼠标可拉远摄像机视图，向上拖动鼠标可推近摄像机视图。

2. 通过 Custom View 调整摄像机

在三维工作方式下，系统使用 Active Camera 摄像机视图观察最后的合成画面。但在摄像机视图中无法选择当前摄像机，对摄像机进行操作，一般通过 Custom View(自定义视图)调整摄像机，如图 6-21 所示。

图 6-21　Custom View(自定义视图)调整摄像机

3. 利用空物体层设置摄像机运动

摄像机的运动需借助空物体层的运动来实现。新建一个空物体层，打开空物体层的三维开关，设置关键帧运动的属性，按快捷键 R，设置旋转属性关键帧，Y 轴关键帧 0 秒为 0 圈，3 秒为 1 圈，X 轴关键帧 3 秒为 0 圈，6 秒为 1 圈，将摄像机作为子图层，绑定在空物体层上，进行父子链接，将空物体层的运动赋予摄像机，如图 6-22 所示。

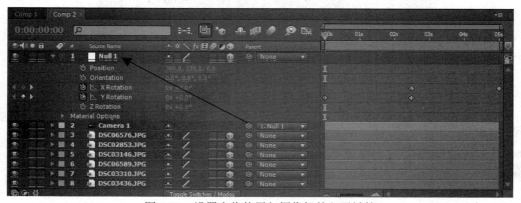

图 6-22　设置空物体层与摄像机的父子链接

实际效果如图 6-23 所示。

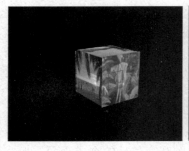

图 6-23　摄像机运动的实际效果

6.5　三维辅助功能的应用

6.5.1　渲染引擎和 OpenGL 选项

按快捷键 Ctrl+K，打开 Composition Settings 对话框，如图 6-24 所示。选择 Advanced 选项卡时，在 Rendering Plug-in 选项中使用 Advanced 3D 进行渲染。标准 3D 渲染除不能对三维空间中的交叉层进行正确消隐外，与 Advanced 3D 几乎一致。

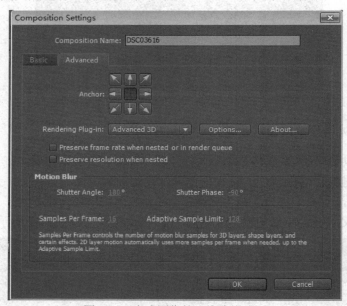

图 6-24　合成图像的三维渲染选项

OpenGL是Open Graphics Lib的缩写，用户可以方便地创建出接近光线跟踪的高质量静止或动画的三维彩色图像，但前提是使用者的计算机显卡必须支持OpenGL。除了在Rendering Plug-in中设置OpenGL Hardware渲染引擎外，还需要在合成预览窗口中的快速渲染■按钮中选取相应的OpenGL 选项，如图 6-25 所示。

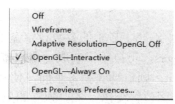

图 6-25　快速选择菜单

6.5.2　三维场景搭建模板

After Effects 为用户提供了几种高效的三维场景搭建模板，可以实现柱体、立方体搭建以及空间三维排列等效果。

1. Box Creator(创建盒子)

利用 Box Creator(创建盒子)模板，可以直接在场景中搭建一个三维的立方体盒子，具体操作如下。

导入 6 幅图片，拖曳到时间轴窗口中，全选 6 幅图片，选择 Layer(图层)>Transform(转换)>Fit to Comp(适配到合成图像尺寸)命令，或者按快捷键 Ctrl+Alt+F，使其尺寸适合 Comp 的画面。打开缩小开关，缩小图层到窗口的 1/4 左右，打开所有 6 层的 3D 开关，选择 Window(窗口)> Box Creator(创建盒子)命令，打开对话框，如图 6-26 所示。

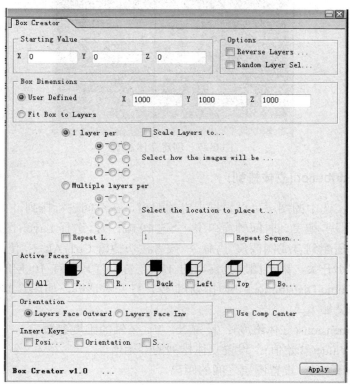

图 6-26　Box Creator(创建盒子)

参数的具体含义如下。

- User Defined：可以根据 X、Y、Z 轴的参数设定盒子每个面的距离，构建一个立方体。选择 Fit Box to Layers，可自动拼装成一个立方体。

如果选择 Scale Layers to Fit，则自动收缩每个面，使其拼装成一个立方体，如果选择 Multiple layers Per，则产生多个面位置交错，各自独立的效果。

- Repeat Layers：此栏中可以对当前选定层进行重复，一般情况下，构建六面体，需要选择 6 个三维图层，如果只选择了一个三维图层，则可以在 Repeat Layers 中输入 5 来产生模型。
- Active Faces：可以设置构建模型所需要的所有面，也可以取消其中的某一个面。
- Orientation：创建盒子时选择层的方向，确定层面朝里或是朝外。
- Insert Keys：激活插入关键帧后，在 Apply 应用创建模型时，可自动产生关键帧，方便设置模型创建动画。

参数设置为勾选 Fit Box to Layers，Active Faces 选择 All，激活 Insert Keys(插入关键帧)，单击 Apply 按钮，创建立体盒子，效果如图 6-27 所示。

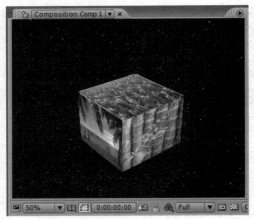

图 6-27　创建立体盒子

2. Cubic Distribution(立体排列)

在此模式下，选中的图层可以根据指定的距离，在空间进行排列。

导入 10 幅图片，拖曳到时间轴窗口中，全选 10 幅图片，选择 Layer(图层)>Transform(转换)>Fit to Comp(适配到合成图像尺寸)命令，或者按快捷键 Ctrl+Alt+F，使其尺寸适合 Comp 的画面。打开缩小开关，缩小图层到窗口的 1/4 左右，打开所有 10 层的 3D 开关，选择 Window(窗口)>Cubic Distribution(立体排列)命令，打开对话框，如图 6-28 所示。

具体参数含义如下。

- Cube Dimensions(立体维度)：设置 X、Y、Z 轴的维度参数。
- Starting Value(开始值)：设置立体排列的开始值。
- Distance(距离)：设置图层之间的距离。
- Insert Keys(插入关键帧)：激活插入关键帧后，在 Apply 应用创建模型时，可自动产生关键帧，方便设置模型创建动画。

- Layer Orientation(图层方向)：在下面的栏中可以选择图层的方向。激活 Towards Camera 栏，可以使排列的层向着摄机对齐，激活 Random 选项，可以随机排列层。
- Options(选项)：勾选图层的选项。

参数设置如图 6-28 所示。

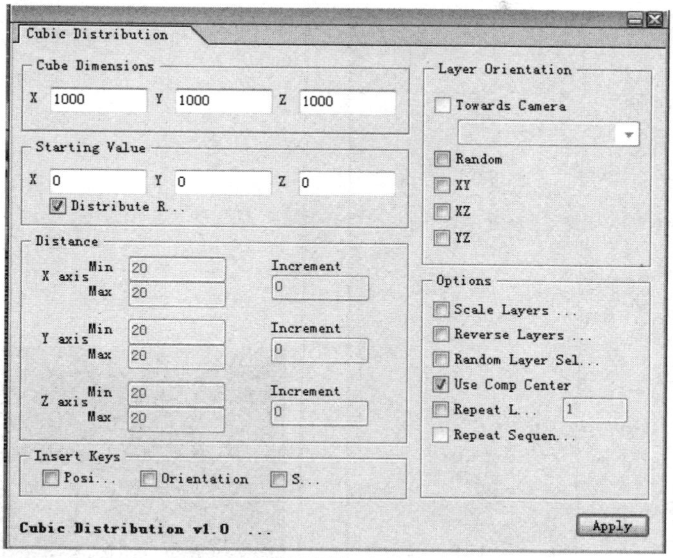

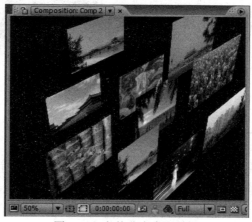

图 6-28　设置立体分布参数

单击 Apply 按钮，创建立体分布，效果如图 6-29 所示。

图 6-29　立体分布实际效果

3. Cylinder Creator(创建柱形)

Cylinder Creator 可以产生沿着轴心旋转排列的对象，构建柱形模型。

导入8幅图片，拖曳到时间轴窗口中，全选8幅图片，选择Layer(图层)>Transform(转换)>Fit to Comp(适配到合成图像尺寸)命令，或者按快捷键Ctrl+Alt+F，使其尺寸适合Comp的画面。打开缩小开关，缩小图层到窗口的1/4左右，打开所有8层的3D开关，选择Window(窗口)>Cylinder Creator(创建柱形)命令，打开对话框。

具体参数设置如下。

Bounding Box(柱形边界)：设置距离来产生柱形模型，选择在 Radius Set by Layers 建立多面形，如果是八面形，输入字符 8，其余选择默认选项，如图 6-30 所示，实际效果如图 6-31 所示。

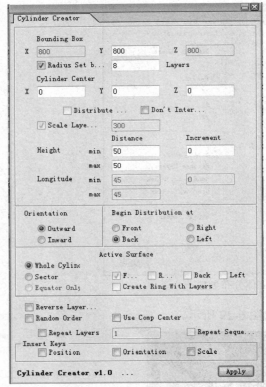

图 6-30   设置 Cylinder Creator

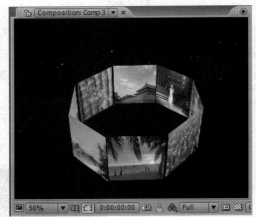

图 6-31   实际效果

4. Cylinder Distribution(柱形排列)

在 Cylinder Distribution(柱形排列)模式下，选中的图层可以根据指定的距离，在空间进行排列。

导入 6 幅图片，拖曳到时间轴窗口中，全选 6 幅图片，选择 Layer(图层)>Transform(转换)>Fit to Comp(适配到合成图像尺寸)命令，或者按快捷键 Ctrl+Alt+F，使其尺寸适合 Comp 的画面。打开缩小开关，缩小图层到窗口的 1/4 左右，打开所有 6 层的 3D 开关，选择 Window(窗口)>Cylinder Distribution(柱形排列)命令，打开对话框，其参数与 Cubic Distribution(立体排列)几乎相同。

Layer Orientation 栏中选择图层的排列方向，选中排列沿 YZ 轴，Options 中勾选 Use Comp Center(使用合成图像的中心点)，其余为默认选项，如图 6-32 所示。

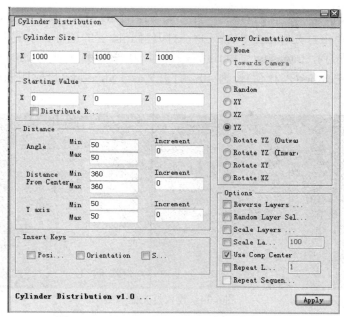

图 6-32　Cylinder Distribution(柱形排列)设置

单击 Apply 按钮，创建立体分布，效果如图 6-33 所示。

图 6-33　实际效果

6.6　三维空间合成实例

6.6.1　魅影

(1) 启动 After Effects CC 软件，选择 Composition(合成)>New Composition(新建合成)命令，弹出 Composition Setting 对话框，命名为"魅影"，设置 Preset 为 PAL D1/DV，帧尺寸为 720×576，时间长度为 8 秒，单击 OK 按钮保存设置。

(2) 在时间轴窗口的空白区域单击鼠标右键，选择 New(新建)>Solid(固态层)命令，或按快捷键 Ctrl+Y，新建一个蓝色固态层，打开固态层的 3D 开关。按快捷键 Ctrl+Shift+Alt+L，新建灯光图层，单击灯光图层的扩展三角，打开灯光图层的属性，设置 Light Options(灯光类型)为 Spot(聚光灯)，Intensity(强度)设置关键帧，0 秒为 0，1 秒为 200，Cone Angle(角度)设为 140，Cone Feather(羽化值)设为 40，打开 Casts Shadows(投射阴影)开关，如图 6-34所示。

图 6-34　设置灯光的参数

(3) 利用文字工具在合成预览窗口中添加文字"魅影"，按快捷键 Ctrl+6 设置文字属性，字体选择仿宋。打开文字图层的 3D 开关。

(4) 将视图切换为 Custom View(自定义视图)，选择蓝色固态层，按快捷键 R，打开旋转属性，将 X 轴旋转 90°，按快捷键 P，打开位移属性，调整固态层的 Y 轴，将其位置向下移动，作为文字图层的支撑平台，调整灯光的位置和目标点，使其照亮作为支撑平台的固态层，调整文字图层的位置，如图 6-35 所示。

图 6-35　设置固态层、灯光和文字的位置

(5) 选中文字图层，调整视图坐标系 到文字的左下方，按快捷键 T，打开不透明度属性，设置不透明度关键帧，1 秒为 0%，2 秒为 100%，按快捷键 R，打开旋转属性，设置 X 轴旋转关键帧，2 秒为-90%，5 秒为 0%，设置 Y 轴旋转关键帧，5 秒为 0%，7 秒为20%，如图 6-36 所示。

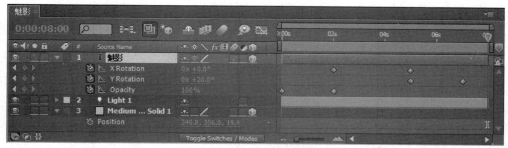

图 6-36　设置关键帧

（6）展开文字图层的材质属性开关，将投射阴影开关打开，调整参数如图 6-37 所示。

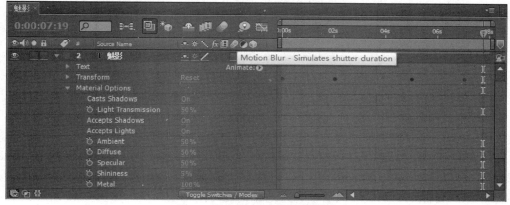

图 6-37　打开材质的投射阴影

（7）在合成时间轴窗口的空白位置，单击鼠标右键，选择 New(新建)>Camera(摄像机)命令，添加摄像机图层，调整摄像机位置，预览效果如图 6-38 所示。

图 6-38　魅影实际效果

6.6.2　飞舞的蝴蝶

（1）启动 After Effects CC 软件，进入工作界面。

（2）在项目面板中双击鼠标左键，弹出 Import Files 对话框，选择 butterfly.psd 文件。这个素材是一个由 Photoshop 制作的含有多个层的 PSD 层文件。在导入选项"Import As"中，选择选项"Composition-Cropped Layers(作为合成导入)"，保持素材文件原始的合成状态，如图 6-39 所示。

129

图 6-39　导入 Photoshop 文件

（3）在项目窗口中双击 butterfly. psd 前面的合成图标，展开已经生成好的合成文件，可以看到 PSD 文件里的图层已经整齐有序地排列在时间轴窗口里，如图 6-40 所示。

图 6-40　展开 PSD 的合成图层

（4）从时间轴窗口中可以看到蝴蝶被分成 3 个层，分别是左右两边的翅膀和中间的身体。在时间轴面板开关栏中，单击 开关，将蝴蝶的所有层转换为三维对象。在时间轴面板的设置栏上单击鼠标右键，在弹出的菜单中选择 Columns(栏)>Parent(父子关系)命令，弹出 Parent 面板，在 Parent 面板中按住层 "RIGHT" 的橡皮筋，将其拖动到层 "CENTER" 上松开鼠标左键，按照相同的方法将层 "CENTER" 指定为层 "LEFT" 的父对象，让蝴蝶在动画中作为一个整体，如图 6-41 所示。

图 6-41　建立父子链接

(5) 在合成预览窗口下方选择 4 Views，同时打开 4 个合成视图，从顶、前、右和摄像机视图观察三维合成效果。选择图层 "RIGNT"，切换到 Top 视图，在工具箱面板中选择轴心点工具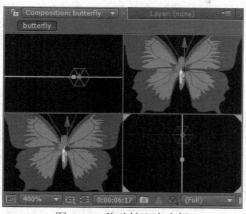，按住鼠标左键，将轴心点拖动到蝴蝶的身体中心，为保证蝴蝶的翅膀扇动的逼真性，可参考顶、前、右和摄像机视图等视图，让轴心点完美地落在 "CENTER" 层，如图 6-42 所示。

图 6-42　移动轴心点坐标

(6) 选择图层 "RIGNT"，按快捷键 R 展开层的旋转属性，设置关键帧。在 0 秒位置，激活 Y Rotation(Y 轴旋转)的动画开关，参数设为 70，时间指针定位到 20 帧，设置关键帧参数为-70，预览到翅膀扇动的位置，全选刚才设置的关键帧，按快捷键 Ctrl+C 复制关键帧，然后移动时间指示器到下一个翅膀扇动的位置，按快捷键 Ctrl+V，粘贴关键帧，如此重复操作，即可完成蝴蝶的振翅动画，如图 6-43 所示。

图 6-43　设置右侧翅膀扇动的关键帧

(7) 使用同样的方法，将图层 "LEFT" 的轴心点移动到 "CENTER" 层的位置，激活 Y Rotation(Y 轴旋转)的动画开关，0 秒参数设为-70，时间指针定位到 20 帧，设置关键帧参数为 70，重复上面的操作设置左侧翅膀扇动的关键帧，为了保证两侧翅膀扇动的一致性，复制粘贴 "LEFT" 图层的旋转关键帧时，可参考图层 "RIGNT" 的关键帧设置位置。具体操作按快捷键 U，打开 "RIGNT" 图层设置的关键帧，通过快捷键 J(跳转到上一个关键帧)和 K(跳转到下一个关键帧)，定位关键帧的位置，如图 6-44 所示。

(8) 合成预览窗口中的实际效果如图 6-45 所示。

图 6-44　设置左侧翅膀扇动的关键帧

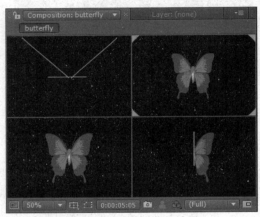

图 6-45　蝴蝶的实际效果

(9) 在时间轴窗口中的空白区域单击鼠标右键，在弹出的快捷菜单中选择 New(新建)>Camera(摄像机)命令，弹出摄像机设置面板，使用默认设置，单击 OK 按钮确定，建立摄像机图层。在合成预览窗口下方选择 1View，激活 Active Camera 摄像机视图，选择■摄像机工具，按住鼠标左键，旋转摄像机，在合成预览窗口中看到如图 6-46 所示的图像。

图 6-46　显示摄像机视图的图像

(10) 选择"CENTER"图层，按快捷键 P，打开位移属性添加关键帧，设置蝴蝶的飞舞轨迹，如图 6-47 所示。当为 3D 层建立位移动画后，有时会发现图层在路径上移动时，总是朝着一个方向。可以使用 Auto-Orientation(自动定位)工具，使对象自动定向到路径。选择 Layer(图层)>Transform(转换)>Auto- Orientation(自动定位)命令，在弹出的对话框中选择 Orient Along Path，如图 6-48 所示。运动对象就会自动随着运动路径的变化而改变方向。如果蝴蝶背对路径，可以将 Z Rotation(Z 轴)旋转 180°。

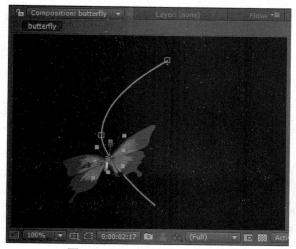

图 6-47　设置蝴蝶的运动轨迹

图 6-48　设置沿路径的运动

(11) 导入视频素材到项目窗口中，将视频素材拖放到时间轴窗口中，放置在图层的最下方，按小键盘上的快捷键 0，在合成预览窗口中预览效果，实际效果如图 6-49 所示。

图 6-49　飞舞蝴蝶实际效果

After Effects 的三维空间合成效果相对于其他的很多三维软件，内容比较简单，操作也不是很复杂，但实际操作过程中借助三维属性、摄像机和灯光等功能却能创作出非常好的效果，关键是要多看多练习，并培养良好的空间想象能力，才能创作出更完美的视觉效果。

读书笔记

第 **7** 章

文 字 特 效

普通的非线性编辑软件都能对文字进行常规的处理，但 After Effects 对文字特效的处理更加丰富，它不但能够起到补充、配合、说明和强调的作用，而且还有点缀画面、美化屏幕、为作品增添光彩的艺术效果。文字、线条和几何图形通过 After Effects 的特效功能处理，可以显示出各种不同的动态效果，为影视的主题服务。

出色的文字特效需要考虑到许多不同的因素组合，并没有一套现成的标准可以参考，但我们在具体设计文字时仍然要遵循一些基本原则。

1. 字体选择

中文字体可能有几百种之多，但在 After Effects 中只有宋体、楷体、黑体等常见字体，如果用户需要使用更多的字体，只能采用自行安装的方法进行字体的添加。一般选择字体时，首先要考虑到使用文字的原因或使用文字的意图。例如，片头字幕、电视节目的类型等均影响字体的选择，每种字体都有其不同的风格，适合于不同的节目。

2. 颜色配合

设计文字时，对于颜色的设计需要考虑的有两个方面：一个是文字本身的颜色；另一个是文字边缘的颜色。字与边的颜色相互配合，可以设计出非常绚丽的效果。字与边的颜色配合中，应该以文字本身的颜色为主，边的颜色是为了从背景中突出字体颜色，因此在文字的设计过程中，应该特别注意主色调与陪衬色调的关系。

3. 边与影

文字的边与影也是为了使字幕设计美观、醒目。文字的边与影一般分开使用，不能同时使用，以免影响效果，给人一种杂、乱、闹的感觉。文字边与影的效果主要是美化效果，因此在设计字幕时，更多地要考虑文字本身，不要造成喧宾夺主的感觉。

4. 文字位置

设计文字的位置时，首先要考虑是否文字在安全区域内，After Effects 本身在合成预览窗口中会有一个安全区，一般在设计文字位置时需要保证字幕在安全区域内。其次，在设计字幕位置时，还要考虑到文字本身的大小与画面的高度之间的关系。只有这样，文本才能给观众一种赏心悦目的感觉。

5. 文字运动

利用 After Effects 设计文字的运动特效，应该考虑到字幕运动的必要性以及字幕运动与画面运动的协调性。

7.1　创建和修饰文字

After Effects 可以通过两种方式创建文字：使用文字工具和文字特效，After Effects 所创建的文字图层均带有透明的 Alpha 通道，因此将文字图层放在上方，都可以显示出背景素材的内容。

7.1.1　利用文字工具创建和修改文字

1. 创建文字

利用工具面板中的文字工具 T，在合成预览窗口中恰当的位置单击鼠标，输入文字内容，时间轴上将自动添加一个 TXT 文本层。

在时间轴窗口的空白处，单击鼠标右键，选择 New>Text 命令新建文本层，在合成窗口中恰当的位置单击鼠标，输入文字内容，时间轴上将添加一个 TXT 文本层，如图 7-1 所示。

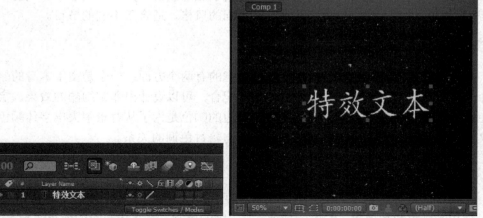

图 7-1　利用工具创建文本

2. 修改文字属性

创建文字后，可以随时对文字进行修改。在合成预览窗口中，将鼠标移动到需要修改的文字位置，单击鼠标左键，可以实现删除替换。文字属性的修改可以按快捷键 Ctrl+6，弹出如图 7-2 所示的面板，对文字属性进行设置和修改。

图 7-2　文字属性面板

如果字体全是英文，可单击 ![] 按钮的小三角，取消勾选 Show Font name in English(英文显示字体)的选项。

具体参数含义如下。

创建文字，按快捷键 Ctrl+6 进入文本属性修改面板，修改属性参数。

- 设置字体：在下拉列表中选择文字字体。
- 文字颜色：实心色块和空心色块分别指定文字的填充色和描边色，选择斜线框可屏蔽当前的效果。
- ![] 97 px (设置文字尺寸)：下拉菜单中可以选择设置文字的尺寸。
- ![] Auto (设置行距)：下拉菜单中可以选择设置文字的行间距。
- ![] Metrics (设置两个字符间距)：下拉菜单中可以选择设置两个字符之间的距离。
- ![] 96 (设置字间距)：下拉菜单中可以选择设置所选文本之间的距离。
- ![] 5 px ▼ Fill Over Stroke (描边)：设置描边宽度和选择文字的描边方式。
- ![] 100 % (垂直缩放)：设置文字垂直方向的缩放数值。
- ![] 100 % (水平缩放)：设置文字水平方向的缩放数值。
- ![] 0 px (设置文字的基准线)：用于修改文字基准线，改变其位置。
- ![] 0 % (收缩文字间距)：用于设置收缩文字间距的数值。
- ![] (文字风格)：设置文字的加粗、斜体、全部大写(忽略大小写)、全部小写(不同是：大写输入显示较大，小写输入显示较小)、上标、下标等风格样式。

7.1.2　利用文字特效创建和修改文字

文字特效需要借助于固态层才能显示出效果，文字特效的创建有多种方式，选择菜单Effect(效果)>Obsolete(旧版本)和 Text(文本)两个特效组，可以添加多个文字特效。

1. 创建基本的文字特效

选择菜单栏中的 Composition(合成)>New Composition(新建合成)命令，或者按快捷键Ctrl+N，新建一个合成图层，在时间轴窗口的空白区域单击鼠标右键，选择 New(新建)>Solid(固态层)命令，或按快捷键 Ctrl+Y，新建一个任意颜色的固态层，选择固态层，选择 Effect(效果)>Obsolete(旧版本)>Basic Text(基本文本)命令，或选中固态层单击鼠标右键，选择 Effect(效果)>Obsolete(旧版本)>Basic Text(基本文本)命令，均能弹出如图 7-3 所示的对话框，输入文字后，单击 OK 按钮确定。在特效控制面板中会弹出如图 7-4 所示的特效参数，在合成预览窗口中出现所创建的文字。

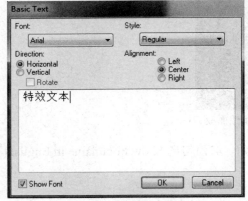

图 7-3　创建文字特效　　　　　　　　　　图 7-4　文字特效参数

2. 修改文字特效的参数

文字特效的具体参数含义如下。

- Position(位置)：用于设置文字显示的位置，默认在合成图像的中心点。
- Display Options(显示选项)：用于设置文字外观，包括 Fill Only(只显示填充)、Stroke Only(只显示描边)、Fill Over Stroke(在描边上填充)或 Stroke Over Fill(在填充上描边)。
- Fill Color(填充颜色)：设置填充的颜色，可以通过设置色块或利用吸管的方式。
- Stroke Color(描边颜色)：设置描边的颜色，可以通过设置色块或利用吸管的方式。
- Stroke Width(描边的宽度)：设置描边的宽度，默认值为 2，单位是像素。
- Size(字大小)：设置文字的尺寸。
- Tracking(字间距)：设置字符的间距。
- Line Spacing(行宽)：设置文字的行间距。
- Composite On Original(与原图像合成)：如果勾选此项，则文字与固态层合成，否则背景为透明的 Alpha 通道。

每一个文字特效参数的前面，都有动画开关，可以通过激活动画开关设置关键帧，设置文字的基本运动。

7.1.3　装饰文字

创建文字和修改完文字后，可以对文字添加各种特效进行装饰。

1. 加入阴影

为文字添加阴影效果的目的，除了增强文字的立体感，使文字美观之外，更重要的是在美观的基础上使文字醒目，从背景中凸显出来。After Effects 提供了两种产生阴影的特效：

Drop Shadow(阴影效果) 和 Radius Shadow(径向阴影)。

选择 Effect(效果)>Perspective(透视)>Drop Shadow(阴影效果)命令，弹出如图 7-5 所示的特效参数面板。

具体参数含义如下。

- Shadow Color：设置阴影颜色，可以通过设置色块或利用吸管的方式。
- Opacity：设置阴影的不透明度。
- Direction：设置阴影方向。
- Distance：设置阴影与文字的距离。
- Softness：设置阴影的柔化效果。
- Shadow Only：勾选此项，表示仅显示阴影，而不显示文字。

参数设置后的实际效果如图 7-6 所示。

图 7-5　阴影效果面板

图 7-6　阴影实际效果

选择 Effect(效果)>Perspective(透视)>Radius Shadow(径向阴影)命令，弹出如图 7-7 所示的特效参数面板。

具体参数含义如下。

- Shadow Color：设置阴影的颜色，不仅可以模拟一些真实场景中的阴影效果，也可以根据画面需要，做出多彩的阴影效果。
- Opacity：设置阴影的不透明度。
- Light Source：设置产生阴影的光源位置。
- Projection Distance：用于设置阴影与文字的距离。
- Softness：设置阴影的柔化程度。
- Render：对阴影在渲染时的属性进行设置，共有两种类型供选择：Regular(根据阴影的颜色和透明度的数值来进行渲染和 Glass Edge(会在原始层和不透明的区域产生阴影效果)。
- Color Influence：调整颜色的影响程度。
- Shadow Only：勾选此项，表示仅显示阴影，而不显示文字。
- Resize Layer：勾选此项，可以制作影子的溢出效果。

参数设置后的实际效果如图 7-8 所示。

图 7-7　径向阴影面板　　　　　　　　　　　　图 7-8　径向阴影效果

2. 纹理效果

在追求比较炫的特效效果时，文字也可以添加纹理效果，使其增加质感。After Effects 中的 Texturize(纹理)特效在使用前，要将指定纹理的图层放置在时间轴窗口中，然后在文字图层上选择 Effect(效果)>Stylize(风格化)>Texturize(纹理)特效，打开如图 7-9 所示的设置参数。选择纹理图层映射到文字图层上，如图 7-10 所示。

图 7-9　纹理特效参数　　　　　　　　　　　　图 7-10　纹理效果

参数的具体含义如下。

- Texture Layer：选择合成中的贴图层。
- Light Direction：设置灯光方向。
- Texture Contrast：设置贴图对比度。
- Texture Placement：设置贴图的放置方式，可以选择 Tile Texture(平铺)、Center Texture(居中)或 Stretch Texture To Fit(拉伸)。

3. 渐变效果

在文字的装饰效果中，还可以使用渐变色特效，使文字呈现出丰富的过渡色彩。选择 Effect(效果)>Generate(生成)>4-Color Gradient(4 色过渡)命令，弹出如图 7-11 所示的特效参数面板，实际效果如图 7-12 所示。

图 7-11 4 特效色渐变面板

图 7-12 渐变效果

具体参数含义如下。

- Positions & Colors：用来设置 4 种颜色的中心点和各自的颜色。
- Blend：用来设置 4 种颜色的融合度。
- Jitter：用来进行颜色的抖动调整。
- Opacity：设置渐变色的不透明度。
- Blending Mode：设置图层之间的混合模式。

4. 立体效果

立体文字是比较常用的效果。通过选择 Effect(效果)> Perspective(透视)>Bevel Alpha(倒角)，如图 7-13 所示，可以让文字产生立体效果，如图 7-14 所示。

图 7-13 倒角特效面板

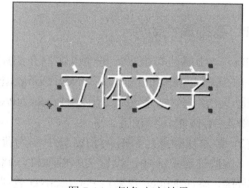

图 7-14 倒角文字效果

具体参数含义如下。

- Edge Thickness：设置图像 Alpha 倒角的边缘厚度。
- Light Angle：设置光线照射的角度。
- Light Color：设置光源的颜色。
- Light Intensity：设置光照的强度。

7.2　文字动画

　　创建和修饰文本后，可以对文字设置动画，使视频画面灵动起来。After Effects 几乎可以对文字的所有属性设置动画，展开文本层的 Text 属性后，可以看到 Animate 动画参数栏，如图 7-15 所示。单击 Text 属性后面的 Animate(动画)参数栏，可以弹出如图 7-16 所示的菜单。

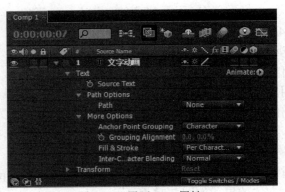

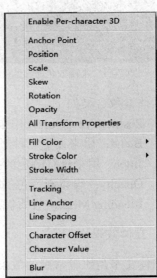

图 7-15　展开 Text 属性　　　　　图 7-16　动画参数菜单

7.2.1　基础属性动画

　　Text 动画属性有很多，下面以实例介绍属性动画的操作过程。

　　(1) 选择Composition(合成)>New Composition(新建合成)命令，弹出Composition Setting 对话框，命名为"文字动画"，设置Preset为PAL D1/DV，帧尺寸为 720×576，时间长度为 5 秒，单击OK按钮保存设置。

　　(2) 导入视频图片到时间轴窗口中作为背景。选择文字工具，在合成预览窗口中输入文本，按快捷键 Ctrl+6，设置文字的属性，将其设为 Stroke Over Fill 模式，选中图层单击鼠标右键，添加 Effect(效果)> Perspective(透视)> Drop Shadow(阴影效果)特效，为文字添加阴影效果，如图 7-17 所示。

　　(3) 在时间轴窗口中展开文本层，显示文本属性，在 Animator 列表中选择 Scale。展开 Range Selector1，将 Start 设为 0%，End 设置为 20%，为动画指定影响区域，将 Scale 参数设置为 160，激活 Range selector1(范围选取)卷展栏下的 Offset 参数，设置关键帧，0 秒为 −20%，4 秒为 100%，如图 7-18 所示。

　　从图中可以看出，Animator(动画)属性由三部分构成，分别是 Range Selector(选择范围)负责指定动画范围，Advanced(高级)用于对动画进行高级设置，以及选择的动画属性。

图 7-17　添加文字阴影效果

图 7-18　设置文字动画参数

Range Selector(范围选择)中包括 Start(开始)点和 End(结束)点，分别用于控制选取范围的开始和结束，在合成预览窗口中可以看到标记线▮▮，通过改变开始点和结束点的数值，即可改变选取的文本范围。通过设置 Offset(偏移)参数的关键帧，实现文本的动画效果。

(4) 预览效果后发现文字拥挤在一起，这时可以用到动画属性中的 Add 菜单，单击 Animator(动画)后面的 Add 下拉菜单，可以对文本的变换属性、颜色、字间距以及字符等属性设置动画。选择 Property(属性)中的 Tracking(字间距)属性，设置 Tracking Amount 为 30，选择预览，实际的效果如图 7-19 所示。

图 7-19　文本动画实际效果

7.2.2　文字属性动画

对于文字属性动画，下面以属性动画中的文字为例介绍文字动画的操作过程。

(1) 单击 Animate(动画)右侧的三角按钮，在弹出的菜单中选择 Character Offset(字符偏移)命令，如图 7-20 所示。

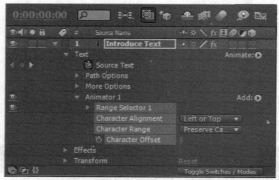

图 7-20　添加字符偏移动画

从图中可以看出，Animator(动画)属性由三部分构成，分别是 Character Alignment(文本对齐)选择文本的对齐方式，Character Range(字符范围)用于选择字符的变动范围方式，以及所选择的字符动画属性。

(2) 调整 Character Offset(字符偏移)为 26，表示字符经过了 26 个字符偏移后，最后还是回到最原始的字符状态。

(3) 单击 Animator 1 动画组右侧的 Add(添加)按钮，在弹出的菜单中选择 Selector(选择)>Wiggly(随机动画)命令，添加随机属性，在合成预览窗口中可以看到字符以随机的形式出现。

(4) 在时间轴窗口中，将当前时间指针移动到 1 秒位置，展开 Range Selector1(选择范围)属性，对 End 设置关键帧，1 秒为 0%，2 秒为 100%，设置 Start(开始)关键帧，3 秒为 0%，4 秒为 100%，如图 7-21 所示。

图 7-21　设置开始点和结束点的关键帧

(5) 单击 Animator 1 前面的 ◉ 按钮，暂时关闭动画显示，将时间指针移到 2 秒位置，激活 Source Text(源文本)属性的动画开关，设置第一个关键帧，按快捷键 Page down，向后移动一帧，在合成预览窗口中修改文本，注意修改后的文本长度与源文本长度相同，这样效果更自然，预览效果如图 7-22 所示。

图 7-22　文字动画效果

7.3　路径文本

在 After Effects 中可以设置文字沿着一条指定的路径运动，该路径必须是文本层上一个开放或者封闭的 Mask。

7.3.1　利用工具创建路径文本

(1) 选择 Composition(合成)>New Composition(新建合成)命令，弹出 Composition Setting 对话框，命名为“文字动画”，设置 Preset 为 PAL D1/DV，帧尺寸为 720×576，时间长度为 5 秒，单击 OK 按钮保存设置。

(2) 导入视频图片到时间轴窗口中作为背景。选择文字工具，在合成预览窗口中输入文本，按快捷键 Ctrl+6，设置文字的属性，将其设为 Stroke Over Fill 模式，添加描边效果，如图 7-23 所示。

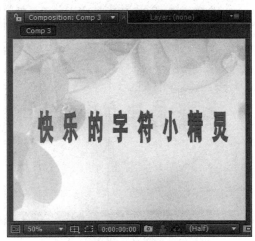

图 7-23　设置文字

(3) 在工具栏中选择钢笔工具，选择文本图层，在合成预览窗口中绘制一条开放路径，选中文字图层，选择 Effect(效果)>Generate(生成)>Stroke(描边)效果，弹出如图 7-24 所示的特效参数面板。

图 7-24　Stroke 描边特效面板

参数的具体含义如下。

- Path：选择描边的蒙版或路径。
- Color：选择描边的颜色。
- Brush Size：设置描边的画笔粗细。
- Brush Hardness：设置描边画笔的边缘硬度。
- Opacity：设置描边的不透明度。
- Start：设置描边的起点，可以设置动画产生绘画的过程。
- End：设置描边的终点。
- Spacing：指定描边笔触的间隔。
- Paint Style：选择描完后的边应用到 Original 原画面还是 Transparent 透明层上

具体参数设置为：路径选择 Mask1，Color(颜色)设置为绿色，Brush Size 画笔粗细调为 9，实际效果如图 7-25 所示。

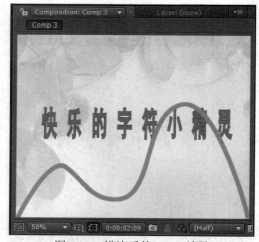

图 7-25　描边后的 Mask 效果

(4) 展开 Text 层 Path Option(路径选项)属性卷展栏，在 Path(路径)下拉列表中指定刚才绘制的路径 Mask1 为文本路径。Reverse Path(翻转路径)设置为 Off，Perpendicular to Path

可使文字路径与路径切线垂直，设置为 On，Force Alignment 移动文本位置时，保持一端位置不变，设置为 Off，Margin 控制文本定位，对 First Margin 设置关键帧，0 秒在左侧画框外，5 秒完全消失在右侧画框外，如图 7-26 所示。

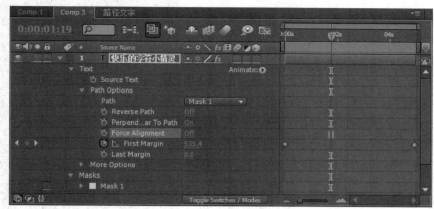

图 7-26 设置路径选项参数

(5) 按小键盘上的数字 0，预览效果如图 7-27 所示。

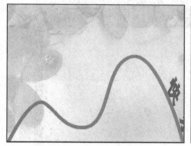

图 7-27 路径文字实际效果

7.3.2 路径文本特效

路径文本是一个功能非常强大的特效，它的创建也需要借助于固态层才能显示出效果，使用路径文本可以制作出丰富的文字动画效果。

选择 Effect(效果)>Obsolete(旧版本)>Path Text(路径文本)命令，弹出如图 7-28 所示的对话框，在文本输入栏中输入文字，单击 OK 按钮确定。在特效控制面板中会出现如图 7-29 所示的参数面板。

具体参数含义如下。

- Path Options(路径选项)：设置路径选项。Shape Type(形状类型)中用于设置路径的外形类型，如果选择 Bezier 曲线，则形状如图7-30所示；移动4个控制点分别控制贝塞尔曲线的形状；如果选择 Circle(圆形)，则形状如图7-31所示；如果选择 Loop(循环)，则形状如图7-32所示；如果选择 Line(线形)，则形状如图7-33所示。

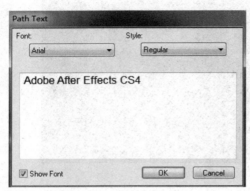

图 7-28　路径文本对话框

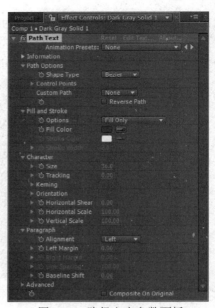

图 7-29　路径文本参数面板

图 7-30　Bezier 曲线

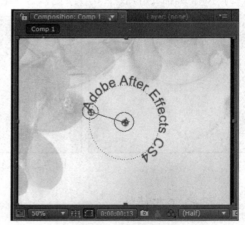

图 7-31　Circle 圆形

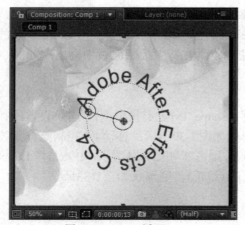

图 7-32　Loop 循环

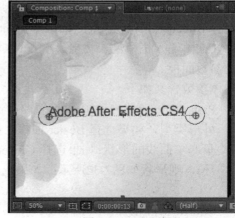

图 7-33　Line 线形

- Fill and Stroke(填充和描边)：该参数项下的各参数用于设置文本的填充和描边，包括 Options 填充和描边的类型、Fill Color(填充的颜色)、Stroke Color(描边的颜色)和 Stroke Width(描边的宽度)。
- Character(字符)：该参数项下的各参数用于设置文本的字符属性，包括 Size(字符大小)、Tracking(字符缩进量)、Kerning(字间距)、Orientation(字符旋转方向)以及 Scale(字符缩放)等参数。
- Paragraph(段落)：该参数项下的各参数用于设置文本的段落属性，包括 Alignment(对齐)方式、Left Margin(左边距)、Right Margin(右边距)、Line Spacing(行间距)和 Baseline Shift(基准线位移)等。
- Advanced(高级)：该参数项下的各参数用于设置文本的高级属性，包括设置 Visible Characters(字符可见度)，参数设置多少，字符就显示多少；Mode(模式)设置文字与图层之间的混合模式；Jitter(抖动)设置字符抖动的程度。

利用路径文本制作字符逐字显示的效果，具体参数设置为：Path Options(路径选项)中设置 Shape Type(形状类型)为 Line 直线，修改 Fill and Stroke(填充和描边)中文字为红字黑边，调整合成预览窗口中的两个控制点，使其在合适的位置，设置 Character(字符)的 Size(大小)，使其充满两个控制点中间的线段，打开 Advanced(高级)的扩展项，选择 Visible Characters(字符可见度)属性，打开动画开关设置关键帧，0 秒为 0，5 秒为 23(选择 23 的原因是创建的文本 "Adobe After Effects CC" 包括空格在内共 23 个字符)，合成预览窗口中的实际效果，如图 7-34 所示。

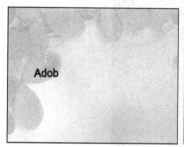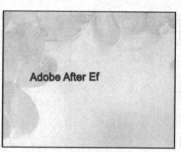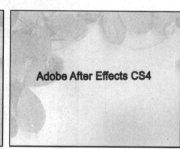

图 7-34 逐字显示效果

7.4 建立文本边缘线

After Effects 软件可以非常方便地将文本边界自动转化成 Mask，实现文字的特殊效果。下面以实例讲解具体的操作方法。

(1) 选择 Composition(合成)>New Composition(新建合成)命令，弹出 Composition Setting 对话框，命名为 "文字轮廓"，设置 Preset 为 PAL D1/DV，帧尺寸为 720×576，时间长度为 5 秒，单击 OK 按钮保存设置。

(2) 在时间轴窗口的空白区域单击鼠标右键，选择 New(新建)>Solid(固态层)命令，或按快捷键 Ctrl+Y，新建一个白色固态层，放置在时间轴窗口中作为背景。选择文字工具，在合成预览窗口中输入文本 "血滴子"，按快捷键 Ctrl+6，设置文字的属性，颜色设置为暗红色，文字的大小设置为 114，调整文字的位置，使其在画面的合适位置，如图 7-35 所示。

图 7-35　创建文字

(3) 选择文本图层，选择 Layer(图层)>Create Masks From Text(为文字建立轮廓线)命令，系统会自动产生一个新的固态层，按快捷键 M，打开蒙版属性，在时间轴窗口中可以看到所有由文本轮廓转化产生的蒙版路径，如图 7-36 所示。

图 7-36　由文本轮廓转化产生的蒙版路径

(4) 选择新生成的带文本蒙版路径的图层，选择 Layer(图层)>Solid Setting(固态层设置)命令，或按快捷键 Ctrl+Shift+Y，弹出如图 7-37 所示的修改固态层对话框，将固态层的颜色设置为类似血的暗红色，合成预览窗口中的图像如图 7-38 所示。

(5) 选择新生成的图层，按快捷键 M，打开 Mask 属性，选择文字中需要设置关键帧流血的蒙版，激活 Mask Path(蒙版路径)的动画开关，在 0 秒的位置设置蒙版形状关键帧，在 4 秒的位置设置流血后的蒙版形状。为力求逼真的效果，可以在设置蒙版形状时，按快捷键 G，利用添加控制点工具，增加控制点，设置后的时间轴窗口关键帧显示如图 7-39 所示。

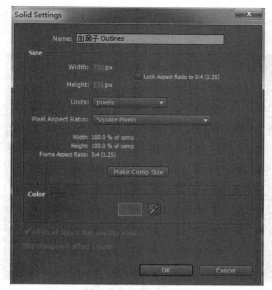

图 7-37　修改固态层

图 7-38　合成预览窗口显示

图 7-39　设置蒙版形状关键帧

(6) 预览效果如图 7-40 所示。

图 7-40　实际效果

7.5　创建数字文本

After Effects 除了可以创建文本，并制作动画效果之外，还可以创建数字文本，并且对数字文本进行动画操作处理。数字文本不能用文字工具添加，而是要加给任意颜色的固态层。选择 Effect(效果)>Text(文本)>Numbers(数字)命令，弹出如图 7-41 所示的对话框，选择字体单击 OK 按钮，在特效控制面板中显示如图 7-42 所示的参数。

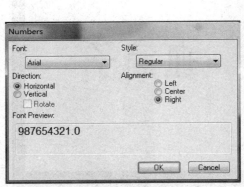

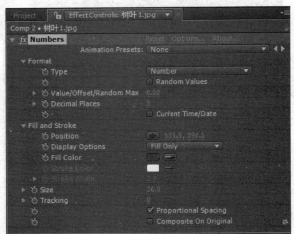

图 7-41　设置数字文本　　　　　　图 7-42　数字文本参数

具体参数含义如下。

- Options：如果要修改数字字体或重新设置数字文本，可使用 Options(选项)重新设置。
- Type：选择数字类型，单击下拉菜单可以选择 Number(数字)、Timecode(时间码)、Date(日期)、时间和十六进制数字等。
- Random Values：勾选此项，显示随机数的数值，随机产生的数值，不会大于输入的数值。
- Value/Offset/Random Max：设置数值的大小。
- Decimal Places：设置小数点后面的位数。
- Fill and Stroke：设置数字的填充和描边。
- Size：设置数字的尺寸。
- Tracking：设置数字之间的间距。
- Composite on Original：在原始图层之上。

7.6　使用内置特效

After Effects不仅提供手动设置文本动画的功能，而且为了方便用户对文本动画的使用，将许多常用的文本特效内置在Effects的面板中，用户可以直接调用这些已经设置好的特效，如果需要手动调节时，可以利用以前所学的知识进行调节参数和关键帧。

选择Window(窗口)>Effects & Presets(特效和预置)命令，弹出特效和预置面板，展开Animation Presets(动画预置)参数，选择Text(文本)可以看到关于文本的预置特效，如图7-43所示。

如设置类似打字机的效果，具体操作如下。

(1) 利用文本工具在合成窗口中输入文字，按快捷键 Ctrl+6，设置文本的基本属性。

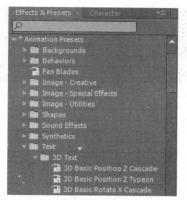

图 7-43 内置文本特效

(2) 选择 Window(窗口)>Effects & Presets(特效和预置)命令，弹出特效和预置面板，展开 Animation Presets(动画预置)，选择 Text(文本)>Animate in(动画入)>Fade up Characters(字符淡入)效果，将时间指针定位到要制作文本动画的位置，按住鼠标左键拖曳到合成预览窗口的文字上或拖曳到时间轴的文本图层上，如图 7-44 所示。

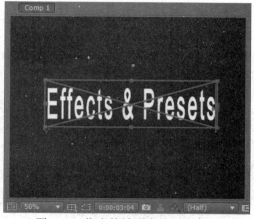

图 7-44 拖曳特效到合成预览窗口

(3) 选择预览时会发现，打字机的效果显示并没有持续到时间轴的最后。这时可以通过手动调节参数，使文字从开始显示到结束位置。选择文本图层，按快捷键 U，打开所有设置的关键帧，如图 7-45 所示。

图 7-45 展开时间轴的关键帧显示

(4) 从图中可以看出，在 Start(开始)属性设置关键帧，结束帧并没有在结尾处，这时可以将结束帧直接拖曳到时间轴的结束位置，如图 7-46 所示。

图 7-46　移动结束点关键帧到时间轴结束位置

(5) 将背景图片导入到时间轴的下方，在合成预览窗口中就可以看到类似打字机的效果，如图 7-47 所示。

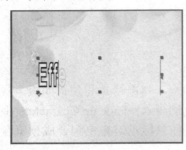

图 7-47　打字机的效果

(6) 如果想要删掉已经设置好的特效，可以展开文本层的属性栏，如图 7-48 所示，选择 Animator1，单击删除，即可将设置好的动画效果删除。

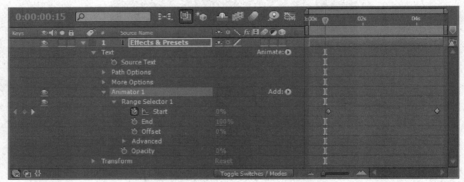

图 7-48　展开文本层的属性栏

(7) 按照以上步骤可以继续添加其他的文本内置特效和修改其参数，展开Animation Presets(动画预置)，选择Text(文本)>3D Text(3D文本)>3D Bouncing in Centered效果，修改关键帧参数到结束位置，实际效果如图 7-49 所示。

图 7-49　Bouncing in Centered 效果

7.7 文本特效操作实例

7.7.1 动态增长表

(1) 启动 After Effects CC 软件，选择 Composition(合成)>New Composition(新建合成)命令，弹出 Composition Setting 对话框，命名为"动态增长表"，设置 Preset 为 PAL D1/DV，帧尺寸为 720×576，时间长度为 5 秒，单击 OK 按钮保存设置。

(2) 在时间轴窗口的空白区域单击鼠标右键，选择 New(新建)>Solid(固态层)命令，或按快捷键 Ctrl+Y，新建一个任意颜色的固态层。用钢笔工具在固态层上画直角坐标的蒙版路径，选中固态层单击鼠标右键，选择 Effect(效果)>Generate(生成)>Stroke(描边)特效，改变描边的粗细和颜色，选择原始图层透明，只留描边，参数设置如图 7-50 所示，合成预览窗口中的效果如图 7-51 所示。

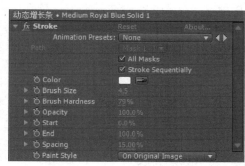

图 7-50 设置描边特效

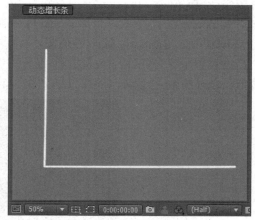

图 7-51 描边实际效果

(3) 在时间轴窗口的空白区域单击鼠标右键，选择 New(新建)>Solid(固态层)命令，或按快捷键 Ctrl+Y，新建一个固态层，命名为"增长条 1"，改变图层的宽度，并把它放在坐标轴上，选择 Effect(效果)> Perspective(透视)> Drop Shadow(阴影效果)命令，为增长条添加阴影效果。用轴心点工具 把图层的中心点移置坐标轴的底端，选中图层，按快捷键 S，取消等比例缩放，并对 Y 轴设置关键帧，0 秒为 0，4 秒为任意值，如图 7-52 所示。

(4) 选择"增长条 1"，选择 Edit(编辑)>Duplicate(副本)命令，或者按快捷键 Ctrl+D，复制 3 个相同的图层，按 Enter 键，分别将新增的 3 个图层重命名为"增长条 2"、"增长条 3"和"增长条 4"。选择 Layer(图层)>Solid Setting(固态层设置)命令，或按快捷键 Ctrl+Shift+Y，分别修改 3 个固态层的颜色，移动 3 个固态层使其在直角坐标中处于不同的位置，定位好第一个和最后一个图层的位置，选择 Window(窗口)>Align & Distribute(对齐与分布)命令，利用排列与对齐排好 4 个增长条的位置。按快捷键 U，打开关键帧设置，分别改变 3 个图层的 Y 轴结束值，如图 7-53 所示。

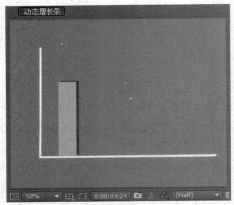

图 7-52 "增长条 1" 效果

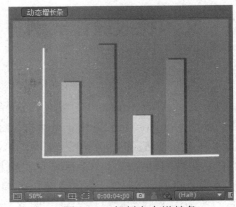

图 7-53 复制多个增长条

(5) 在时间轴窗口的空白区域单击鼠标右键，选择 New(新建)>Solid(固态层)命令，或者按快捷键Ctrl+Y，新建一个任意颜色的固态层，命名为"数字1"。选择Effect(效果)>Text(文本)>Numbers(数字)特效，将 Decimal Places(小数点后面的位数)改为 0，改变数字的颜色，将 Value/Offset/Random Max(数值大小)设置关键帧，0 秒为 0，4 秒根据"增长条 1"图层的高度设置数字，给 Position(位移)设置关键帧，0 秒在最低端，4 秒在最上方，让数字随着增长条从下向上运动，参数设置如图 7-54 所示。

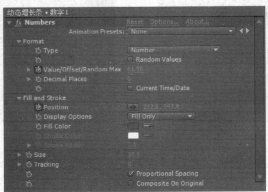

图 7-54 设置数字文本参数

(6) 时间轴窗口中的关键帧显示如图 7-55 所示。

图 7-55 时间轴关键帧显示

156

(7) 选择"数字 1"，选择 Edit(编辑)>Duplicate(副本)命令，或者按快捷键 Ctrl+D，复制 3 个相同的图层，按 Enter 键，分别将新增的 3 个图层重命名为"数字 2"、"数字 3"和"数字 4"。按快捷键 U，打开关键帧设置，分别改变 3 个图层的 X 轴和 Y 轴结束值，使数字随着增长条的改变而改变，实际效果如图 7-56 所示。

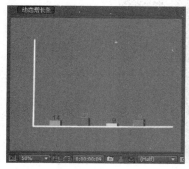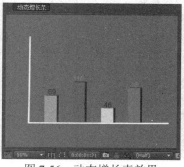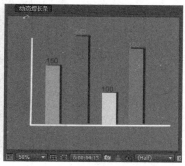

图 7-56　动态增长表效果

7.7.2　欢乐大家庭

(1) 启动 After Effects CC 软件，选择 Composition(合成)>New Composition(新建合成)命令，弹出 Composition Setting 对话框，命名为"欢乐大家庭"，设置 Preset 为 PAL D1/DV，帧尺寸为 720×576，时间长度为 5 秒，单击 OK 按钮保存设置。

(2) 在时间轴窗口的空白区域单击鼠标右键，选择 New(新建)>Solid(固态层)命令，或者按快捷键 Ctrl+Y，新建一个任意颜色的固态层。选中固态层单击右键，选择 Effect(效果)>Generate(生成)>Ramp(渐变)特效，将 Start Color(开始颜色)设置为深蓝，End Color(结束颜色)设置为浅蓝，如图 7-57 所示。

(3) 选择文字工具，在合成预览窗口中输入一行竖线(| |)，按快捷键 Ctrl+6 设置属性，颜色设置为浅蓝色，选择竖线图层并改变图层的高度，如图 7-58 所示。

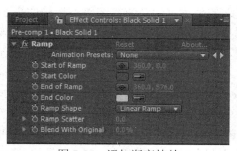

图 7-57　添加渐变特效

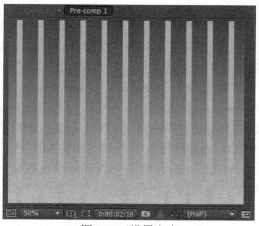

图 7-58　设置文本

(4) 展开文字图层的属性栏，在 Animate(动画)中选择 Position(位移)，在 Add(添加)中展开 Selector(选择)>Wiggly(随机动画)，改变 Position(位移)中 X 轴的值为 100，在 Add(添加)中使用 Property(属性)>Scale(缩放)，断开缩放链接，调大 X 轴的值为 400，使竖线产生粗细变化，展开 Wiggly Selector1，选择 Wiggles/Second 改为 0.2，在 Add 中选择 Property(属性)>Opacity(不透明度)，并将值调为 0，如图 7-59 所示，效果如图 7-60 所示。

图 7-59　设置文本动画

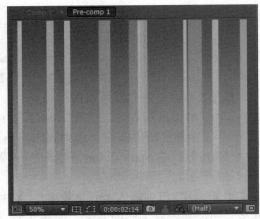

图 7-60　文本动画效果

(5) 将竖线图层与背景层按快捷键 Ctrl+Shift+C 进行图层合并，命名为"背景"。

(6) 使用文字工具输入文字"欢乐大家庭"，按快捷键 Ctrl+6，设置文字的属性，使其处在图层中的合适位置。展开文字图层的扩展属性栏，在 Animate(动画)中选择 Position，在 Add 中选择 Property(属性)>Scale(缩放)，调大缩放值为 430，使文字放大至画面大小，展开 Range Selector(选择范围)，对 Offset(偏移)设置关键帧，0 秒为 0，4 秒为 100，在 Add 中添加 Property(属性)>Rotation(旋转)，设置为 3 圈，在 Add 中选择 Property(属性)>Opacity(不透明度)，将透明度设置为 0，如图 7-61 所示。

(7) 选择 Effect(效果)> Perspective(透视)> Drop Shadow(阴影效果)命令，为文字添加阴影效果，将阴影颜色设置为红色，如图 7-62 所示。

(8) 选中"欢乐大家庭"文字图层，选择 Edit(编辑)>Duplicate(副本)命令，或者按快捷键 Ctrl+D 复制一层，给新建文字图层添加 Effect(效果)>Stylize(风格化)>Glow(眩光)特效，将 Glow Threshold(眩光阈值)设置为 45%，Glow Radius(眩光半径)设置为 35，Glow Intensity(眩光强度)设置为 1.5，如图 7-63 所示。

图 7-61 设置文字动画

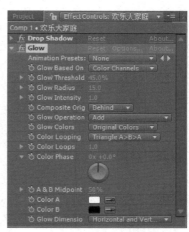

图 7-62 设置文字阴影

图 7-63 设置眩光特效

(9) 在时间轴窗口的空白区域单击鼠标右键，选择New(新建)>Solid(固态层)命令，或者按快捷键Ctrl+Y，新建一个纯黑色固态层，为固态层添加Effect(效果)>Knoll Light Factory(光工厂)>Light Factory EZ镜头光晕特效，在工具箱中选择轴心点工具，按住鼠标左键，将轴心点拖动使图层中心点和光晕中心点重合，按快捷键P+Shift+R同时展开图层的位移与旋转属性，设置位移关键帧，0秒为左下方，5秒移动到右上方，转换为贝塞尔曲线，调整控制手柄，使图层进行圆滑的曲线运动，设置旋转关键帧，0秒为0，5秒为360。按快捷键F4，调出合成模式，将合成模式设置为Screen(屏幕模式)，去掉黑背景，提高画面的亮度，如图7-64所示。

图 7-64 设置固态层参数

(10) 在合成窗口中预览效果, 如图 7-65 所示。

图 7-65　实际效果演示

第 **8** 章

稳定和跟踪特效

稳定和跟踪是影视后期制作中一个重要的组成部分。如果前期拍摄有遗憾，例如镜头画面不稳定、出现穿帮镜头或画面中出现多余物体等一些棘手问题时，可以利用 After Effects 的稳定和跟踪特效解决这些问题，例如进行画面稳定、去除画面中多余的物体、消除穿帮等，避免摄制组由于个别画面出现问题而返工，这样可以极大地压缩成本，也为前期拍摄争取了更大的灵活度。同时，利用 After Effects 的稳定和跟踪特效原理，对前期拍摄镜头进行设计，可制作出一些令人意想不到的效果。

8.1 Tracker 稳定与跟踪

Tracker 跟踪可以对动态素材中的某个或某几个指定的像素点进行跟踪处理，一般分为稳定跟踪和运动跟踪。稳定跟踪一般应用于画面摇晃和抖动时，修补处理由于前期拍摄造成的视频画面不稳定。运动跟踪一般将跟踪的路径应用在其他层上，将跟踪的结果作为路径依据，使一个层跟踪另一个层的某些像素，进行各种特效处理。如跟踪魔术棒制作各种光效和粒子特效，如哈利·波特的魔法报纸等。

Tracker(跟踪)面板的参数含义如下。

- Track Camera：跟踪摄像机选项，选择此项可以对画面进行摄像机的运动跟踪。
- Wrap Stabilizer：变形稳定器选项，选择此项可以对画面进行自动变形稳定跟踪。
- Track Motion：运动跟踪选项，选择此项可以对画面进行运动跟踪。
- Stabilize Motion：稳定跟踪选项，选择此项可以对画面的抖动进行稳定处理。
- Motion Source：单击下拉列表，可以选择作为运动跟踪的源图层。
- Current Track：单击下拉列表，可以选择当前的跟踪控制点。
- Track Type：单击下拉列表，可以选择跟踪的类型，分别是 Stabilize(稳定跟踪)、Transform(变换跟踪)、Parallel Corner Pins(平行四边形)、Perspective Corner Pins(透视四边形)和 Raw 5 种类型。

- Position、Rotation、Scale：当选择 Stabilize(稳定跟踪)、Transform(变换跟踪)类型时，会显示出这些变换属性，可以勾选 Position 进行一点位置跟踪，也可以勾选 Position、Rotation 进行两点跟踪。
- Edit Target：选择编辑目标选项，可以弹出如图 8-1 所示的对话框。Apply Motion To(应用运动到)Layer(图层)，或者选择应用运动到 Effect point control(效果点控制)上，可以在下拉列表中选择将跟踪点链接到当前图层的效果点上。

图 8-1 运动目标设置

- Options：选择该选项，可以弹出如图 8-2 所示的对话框。

图 8-2 运动跟踪选项设置

- Channel：在其中可以指定后续帧中跟踪对象的比较方法，RGB 跟踪影像的红、绿、蓝颜色通道，Luminance 跟踪区域影像的亮度比较值，Saturation 以饱和度为基准进行跟踪。
- Process Before Match：进行跟踪前的预处理，可以在跟踪前进行模糊和锐化处理。
- Analyze：分析按钮，设定好跟踪选项后，可以使用分析按钮进行分析跟踪点。
- Apply：应用，可以将分析的跟踪点应用到设定的图层上。

8.1.1 Stabilize Motion(稳定运动)

在实际拍摄影片时，经常遇到一些镜头抖动不稳的情况，可以采用 Stabilize Motion(稳定运动)解决问题。

具体操作如下。

(1) 将"稳定.mp4"文件或者自己拍摄的不稳定的画面拖曳到时间轴窗口中，选择 Window(窗口)>Tracker(跟踪)命令，打开 Tracker 控制面板，如图 8-3 所示，单击 Stabilize Motion(稳定运动)按钮，可以在层预览窗口中看到创建了第一个跟踪点，如图 8-4 所示。

图 8-3　跟踪控制面板

图 8-4　自动创建跟踪点

Track Point(跟踪点)表示的具体含义如下。

● 外框：搜索区域，跟踪对象速度越快，两帧之间的位移越大，需要搜索的范围越大。

● 内框：特征区域，记录当前区域内的对象明度和形状特征，在后续帧画面中以此特征进行匹配。特征区域内要有较明显的颜色或亮度差别，一般在拍摄前期会特意将跟踪点进行装饰，如果没有特意装饰，可以选择颜色较明显或亮度差别比较大的区域作为控制点的记录区域。

● +：关键帧生成点，即特征区域的中心点。

(2) 在画面中找到一个不随时间变化的像素，作为跟踪的对象。选择跟踪点按住鼠标左键向目标像素点移动，可以看到搜索区域被放大，如图 8-5 所示，这样能够为用户更好地锁定目标区域。将跟踪点调整到不随时间变化的区域像素上，再限定其特征范围和搜索区域，为比较准确地选定特征范围和搜索区域，可以将预览窗口放大，这样更容易找到被跟踪点的目标特征，如图 8-6 所示。

图 8-5　移动跟踪点

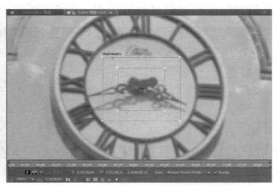

图 8-6　跟踪点移动到目标区域

(3) 将时间指针移动到视频素材的开始位置，勾选Position(位置)和Rotation(旋转)属性，如图 8-7 所示，显示窗口中会出现两个跟踪点。将两个跟踪点分别移动到画面中位置相对固定，并且与周围背景画面对比比较明显的区域，如图 8-8 所示。

图 8-7　勾选位移和旋转属性

图 8-8　移动跟踪点到适当位置

(4) 单击 Analyze(分析)按钮中的播放键，如图 8-9 所示，从当前指针处向后分析，在层预览窗口可以看到如图 8-10 所显示的跟踪运动轨迹。

图 8-9　单击播放按钮

图 8-10　跟踪运动轨迹

(5) 单击 Apply(应用)按钮，弹出对话框，选择 Apply Dimension(应用尺寸)为 X and Y，将跟踪分析后的结果进行应用，在合成窗口中会显示出所创建的关键帧，如图 8-11 所示。

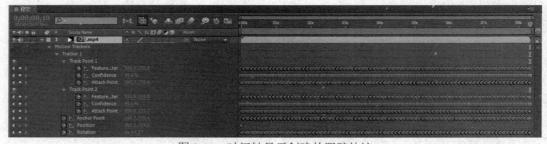

图 8-11　时间轴显示创建的跟踪轨迹

(6) 在合成窗口查看时，会看到画面的不稳定程度减弱，但是却出现黑边的情况，如图 8-12 所示。这是因为跟踪点记录了画面的不稳定参数，通过移动和旋转图层画面进行稳定修补，导致画面出现黑边或出现在画框外的现象。如果想要去掉黑边，可以通过设置

Scale(缩放)属性，将画面进行适当的缩放，去掉画面中的黑边，但却会相应地损失掉一些画面中的细节，如图 8-13 所示。

图 8-12　画面出现黑边　　　　　　　　　图 8-13　缩放去掉黑边

8.1.2　Track Motion(跟踪运动)

应用 Track Motion(跟踪运动)时，合成中应该至少有两个图层，一个作为跟踪目标层，另一个作为连接到跟踪点的层。

具体操作如下。

(1) 将"海滨.avi"文件或者自己拍摄的准备好的素材画面拖曳到合成窗口中，选择 Window(窗口)>Tracker(跟踪)命令，打开 Tracker 控制面板，单击 Track Motion(跟踪运动) 按钮，可以在层预览窗口中看到创建了一个跟踪点，将跟踪点移动到画面中相对固定的位置，并且与周围背景画面对比比较明显的区域，调整特征区域和搜索范围，如图 8-14 所示。

图 8-14　移动跟踪点

(2) 单击 Analyze(分析)按钮中的播放键，从当前指针处向后分析，在层预览窗口可以看到如图 8-15 所显示的跟踪运动轨迹。

图 8-15　跟踪运动轨迹

(3) 将"雾 3" TGA 序列文件拖曳到合成窗口中，展开变换中的位移属性，调整序列图片到画面中的合适位置，调节不透明度为 40%，如图 8-16 所示。

图 8-16　调整图片

(4) 在合成窗口的空白区域单击右键，选择 New(新建)>Null Object(空物体层)命令，建立一个虚拟层。选择"海滨.avi"图层，单击 Edit Target 按钮，将 Apply Motion To Layer(应用运动到目标层)选择为空物体层，如图 8-17 所示。

图 8-17　应用运动到空物体层

(5) 单击跟踪控制面板上的 Apply(应用)按钮，弹出对话框，选择 Apply Dimension(应用尺寸)为 X and Y，将跟踪分析后的结果应用到虚拟层，在合成窗口中会显示出所创建的关键帧，如图 8-18 所示。

图 8-18　时间轴显示创建的跟踪轨迹

(6) 将序列图片(子层)链接到空物体层(父层)上，让喷泉序列随着空物体层的位置发生相应的移动。关闭空物体层的眼睛开关，选择序列图片，调节其缩放属性，使其大小位置正好放置在支撑物之上，效果如图 8-19 所示。

图 8-19　实际效果

8.1.3　Warp Stabilizer(变形稳定器)

Warp Stabilizer(变形稳定器)可以消除画面中的不稳定，虽然分析起来比较慢，但也相对稳定和精准，可以弥补由于前期拍摄条件不足所造成的画面抖动。

具体操作如下。

(1) 将"稳定素材 1.mp4"文件或者自己拍摄的用于变形稳定的画面拖曳到合成窗口中，选择 Window(窗口)>Tracker(跟踪)命令，打开 Tracker Control 面板，单击 Warp Stabilizer(变形稳定器)按钮，可以在预览窗口中看到后台分析的提示，在特效控制面板中看到 Warp Stabilizer(变形稳定器)的参数，如图 8-20 所示。

图 8-20　Warp Stabilizer(变形稳定器)设置

Warp Stabilizer(变形稳定器)的参数含义如下。

- **Analyzing in background：**后台分析，在参数中可以看到分析的百分比，分析可能需要一定的时间，这与素材本身的属性有关。

Stabilization 选项包括如下内容。

- **Result：**稳定结果，包括 Smooth Motion(平滑运动)和 No Motion(无运动)两种。平滑运动会保留原有摄像机的运动，让结果更为平滑。无运动结果会去除摄像机的运动。

- **Smoothness：**平滑度。

- **Method：**稳定方式，可以在下拉选项中选择 Position(位置)，Position、Scale、Rotation(位置、缩放、旋转)，Perspective(透视)和 Subspace Warp (子空间变形)4 种稳定方式。其中基于位置、缩放和旋转数据的稳定，如果没有足够的区域进行跟踪，则稳定变形器将选择前一种类型，即基于位置数据进行稳定。透视稳定方式可以有效地对整帧进行边角定位，但如果没有足够的区域进行跟踪，则稳定变形器将选择前一种类型。子空间变形是默认的稳定方式设置，尝试以不同的方法去稳定帧的各个部分，同样如果没有足够的区域进行跟踪，则稳定变形器将选择前一种类型。同时要注意，在某种情况下，子空间变形可能会造成某些不必要的变形，而透视可能会引起某些不必要的梯形失真，所以在选择时，如果出现这种情况，可以选择一种比较简单的稳定方式来防止畸形。

Borders(边界)选项包括如下内容。

- **Framing：**使用下拉列表，可以选择 Stabilize Only(仅稳定)、Stabilize Crop(稳定、裁切)、Stabilize Crop Auto-Scale(稳定、裁切、自动缩放)、Stabilize Synthesize Edges(稳定、人工合成边缘)等取景设置。Stabilize Only(仅稳定)显示整个帧，包括移动的边缘。Stabilize Crop(稳定、裁切)显示裁切移动的边缘且不缩放。Stabilize

Crop Auto-Scale(稳定、裁切、自动缩放)是默认的取景设置，裁切移动的边缘并放大图像以重新填充由于裁切形成的帧空白。Stabilize Synthesize Edges(稳定、人工合成边缘)受高级选项中“合成输入范围”的控制。

- Auto-Scale：选择 Stabilize Crop Auto-Scale(稳定、裁切、自动缩放)稳定方式时，会自动启用该参数，显示当前的自动缩放量，并允许用户对自动缩放量进行设置。
- Additional Scale：最大缩放，限制为进行稳定而裁切放大的最大量。

Advanced(高级)选项包括如下内容。

- Detailed Analysis：详细分析，当勾选启用此项时，会让下一个分析阶段执行额外的工作来查找要跟踪的元素，这个数据的计算时间会很长，而且速度会很慢，但稳定效果却更精准。
- Rolling Shutter Ripple：果冻效应波纹。使用下拉列表，可以选择 Automatic Reduction(自动减小)或 Enhanced Reduction(增强减小)。当稳定设置为 Perspective(透视)或 Subspace Warp (子空间变形)两种方式时，稳定器会自动消除与被稳定素材相关的果冻效应波纹，默认设置为 Automatic Reduction(自动减小)，如果素材包含有较大的波纹，可以选择使用 Enhanced Reduction(增强减小)。
- Crop Less<->Smooth：更少的裁切、更多的平滑。
- Synthesis Input Range(seconds)：合成输入范围(秒)。当 Framing(取景)中选择 Stabilize Synthesize Edges(稳定、人工合成边缘)设置时，可以激活此参数。控制合成进程在时间上向后或向前移动多少来填充缺少的像素。
- Synthesis Edge Feather：合成边缘羽化。当 Framing(取景)中选择 Stabilize Synthesize Edges(稳定、人工合成边缘)设置时，可以激活此参数。为合成的片段设置羽化值。
- Synthesis Edge Cropping：合成边缘裁切。当 Framing(取景)中选择 Stabilize Synthesize Edges(稳定、人工合成边缘)设置时，可以激活此参数。为合成片段设置边界的裁切值。
- Hide Warning Banner：隐藏警告横幅。当有警告横幅显示出必须要对素材进行重新分析时，用户不希望对其进行重新分析，可以选择勾选此项，隐藏警告横幅。

(2) 一般情况下，如果拍摄的镜头画面不稳定幅度较小，通过 Warp Stabilizer(变形稳定器)的默认参数设置，就可以很好地达到稳定画面的效果。但如果画面抖动幅度比较大，默认设置出现某些问题，就需要对参数进行精细地调节。

8.1.4　Track Camera(跟踪摄像机)

应用 Track Motion(跟踪运动)时，用户需要自己选择和判断画面中的哪些像素点可以作为跟踪点，通过设置跟踪点的范围和跟踪特征，分析跟踪的数据，从而利用分析出的跟踪数据进行特效创作。在 After Effects CC 中增加了 Track Camera(跟踪摄像机)功能，利用跟踪摄像机可以通过计算机的后台分析，为用户提供能够作为跟踪点的像素提示，指导用户进行跟踪处理。

具体操作如下。

(1) 将“碧海蓝天.jpg”文件拖曳到合成窗口中，调整碧海蓝天图片到画面中的合适位置。按快捷键 F4，调出合成模式，将合成模式设置为 Multiply(正片叠底)去掉白背景，添加矩形遮罩，去掉边缘的杂色，打开图片的 3D 显示开关。

(2) 将"海滨.avi"文件或者自己拍摄的用于跟踪的画面拖曳到合成窗口中，选择 Window(窗口)>Tracker(跟踪)命令，打开Tracker Control面板，单击Track Camera(跟踪摄像机)按钮，在预览窗口中可以看到后台分析的提示，在特效控制面板中看到3D Camera Tracker(3D摄像机跟踪器)的参数，如图8-21所示。

图 8-21　Track Camera(跟踪摄像机)设置

3D 摄像机跟踪器的参数含义如下。

- **Analyzing in background**：后台分析，在参数中可以看到分析的百分比，分析可能需要一定的时间，这与素材本身的属性有关。分析结束后，我们会在合成监视器窗口中看到分析到的像素点，如图 8-22 所示。

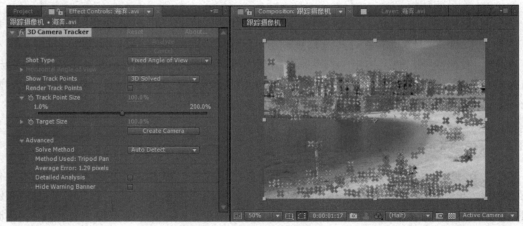

图 8-22　分析的结果显示

- **Shot Type**：拍摄类型，使用下拉列表，可以选择 Fixed Angle of View(视图的固定角度)、Variable Zoom(变量缩放)、Specify Angle of View(指定视角)3 种类型。如果想选择指定视角，可以激活下面的 Horizontal Angle of View 参数。

- Horizonal Angle of View：水平视角。当拍摄类型选择指定视角时，可以激活水平视角的参数设置。
- Show Track Points：显示跟踪点。使用下拉列表，可以选择 3D Solved(3D 已解析)或 2D Solved(2D 已解析)两种方式。
- Render Track Points：勾选此参数，可以渲染跟踪点。
- Track Point Size：设置跟踪点的尺寸大小。
- Target Size：设置目标跟踪点的尺寸大小。

Advanced(高级)选项包括如下内容。

- Solve Method：解析方法。使用下拉列表，可以选择 Auto Detect(自动检测)、Typical(典型)、Mostly Flat Scene(最平场景)和 Tripod Pan(三脚架全景)4 种方法。
- Method Used：显示采用的方法。
- Average Error：显示平均误差。
- Detailed Analysis：详细分析，当勾选启用此项时，会让下一个分析阶段执行额外的工作来查找要跟踪的元素，这个数据的计算时间会很长，而且速度会很慢，但稳定效果却更精准。
- Hide Warning Banner：隐藏警告横幅。当有警告横幅显示出必须要对素材进行重新分析时，用户不希望对其进行重新分析，可以选择勾选此项，隐藏警告横幅。

(3) 分析结束后，这些跟踪点会出现在画面中，在播放视频过程中，这些跟踪点会固定在视频上，我们可以根据分析出的这些跟踪点，人为地选择其中的某些点进行跟踪。选择跟踪点时，用户可以在选中的跟踪点位置单击鼠标左键，用鼠标左键进行圈选，选中的跟踪点颜色会区别于其他跟踪点。圈选中跟踪点后，单击鼠标右键，选择 Create Null(创建空物体层)命令，合成监视器窗口中会出现如图 8-23 所示的图像。

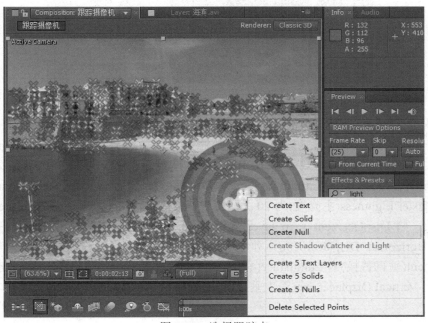

图 8-23　选择跟踪点

(4) 创建空物体层后，可以看到在合成时间轴中出现新建的空物体层和 3D 摄像机，如图 8-24 所示。

图 8-24　新建空物体层和 3D 摄像机

(5) 将碧海蓝天图片(子层)链接到空物体层(父层)上，让图片文字随着空物体层的位置发生相应的移动。设置碧海蓝天图片的位移和缩放属性，移动图片文字到背后的堤岸上，使图片文字像书写在上面一样，如图 8-25 所示。

图 8-25　移动图片文字到堤岸

(6) 从上图中可以看出，图片文字与背景图片之间在清晰度、颜色以及对比度等方面都存在很多不一致的地方。为碧海蓝天图片添加 Effect(效果)>Blur & Sharpen(模糊和锐化)>Fast Blur(快速模糊)特效。调节 Blurriness(模糊量)为 5，添加 Effect(效果)>Color Correction(颜色校正)>Hue/Saturation(色相/饱和度)特效，设置 Master Saturation(主饱和度)为-31，Master Lightness(主亮度)为 20。添加 Effect(效果)>Distort(扭曲)>Displace Map(替换贴图)特效，将 Displacement map layer(替换贴图层)选取为底层的"海滨.avi"图层，选择 Use For Horizontal Displacement(水平替换)为 Luminance(亮度)，选择 Use For Vertical Displacement(垂直替换)为 Luminance(亮度)，设置 Max Horizontal Displacement(最大水平替换)和 Max Vertical Displacement(最大垂直替换)分别为 5，效果如图 8-26 所示。

图 8-26　特效参数和实际效果

8.2　Mocha 跟踪

　　Mocha 跟踪是一款独立的二维跟踪工具，在企业宣传、电影、电视等后期制作中有广泛的应用。作为一种低成本的有效跟踪解决方案，从 After Effects CS5 版本之后，它的功能就集合到 After Effects 软件之中。Mocha 拥有强大的二维跟踪功能，可以创作出炫目的影视后期效果，同时也节省创作人员的大量时间和金钱，使影视特效合成艺术变得更为轻松。

　　(1) 将"Mocha 素材.mp4"文件拖曳到合成窗口中，选择 Animation(动画)>Track in mocha AE(在 Mocha AE 中跟踪)命令，如图 8-27 所示。

图 8-27　打开 Mocha 跟踪

(2) 在After Effects中打开Mocha，新建工程，设置工程的文件夹和名称，导入素材文件所在的路径。Frame rate(帧速率)的选择要与AE工程中素材的帧速率相匹配，Separate Field(分离场)选项尽量选择与工程相匹配的设置，否则后期出现问题，比较难解决，如图8-28 所示。

图 8-28　新建工程

(3) 进入 Mocha 界面后，如图 8-29 所示。

图 8-29　Mocha 界面

主要的界面工具分别如下。

● ![设置或取消跟踪的范围] 设置或取消跟踪的范围。

- ⊞⊞ 放大跟踪区域和还原跟踪区域。
- ⏮ ◀ ◀ ▮ ▶ ▶ ⏭ ↰ 控制按钮，最后一项可以选择从头播放，循环播放，还是从头到尾继续从尾到头等模式。
- Track ◁ ◁▮ ▮▷ ▷ 逆向跟踪、逆向跟踪一帧、停止跟踪、顺向跟踪一帧、顺向跟踪等。
- Key ⌁⌁⌁⌁ A Ü 关键帧工具，可以进行移动到前一个关键帧，移动到后一个关键帧，增加一个关键帧，删除一个关键帧，删除全部关键帧等操作。

(4) 将指针移动到画面的合适位置，选择具有明显特征的跟踪点。设置跟踪点时要注意跟踪区域的完整性，因为如果跟踪点的位置一旦移出画框之外，系统跟踪不到时，会弹出如图 8-30 所示的对话框，需要对跟踪点进行重新选取和定位。

图 8-30　跟踪出错时的警告对话框

(5) 将时间指针移动至跟踪特征区域最明显位置，选择创建 X 曲线工具 ⬚ˣ，在画框上沿着画框的 4 个边缘进行绘制，单击右键取消绘制。在选择跟踪点时，为了能够更精确地找到跟踪点的位置，可以按住快捷键 Z，向上放大或向下缩小监视器的画面，以取得更好的跟踪效果。X 曲线工具可以绘制相对规则的封闭遮罩，如果要跟踪的区域轮廓不规则，可以选择创建贝塞尔曲线工具 ⬚ᴮ。创建跟踪点时，点数越多，跟踪越精准，但系统运算时间会越长。绘制结束后，单击按钮 ▶，可以向后分析一帧，如果发现有差错，可以随时调整边框的位置。如果没有出现跟踪不到位的问题，可以连续单击向后分析按钮 ▶，直接进行分析计算，如图 8-31 所示。

图 8-31　向后分析跟踪点

(6) 单击向前分析按钮■，直接进行分析计算前面的跟踪点，完成整个视频素材的跟踪点计算。分别开启表面和网格按钮■■■，可以看到在画面中间的蓝色区域，如图 8-32 所示。蓝色区域部分即为输出的最后数据，可以看出蓝色部分并没有与画框的边缘相吻合。

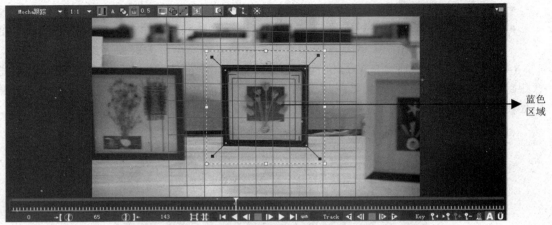

图 8-32　开启表面和网格

(7) 使用跟踪点的移动工具，移动蓝色区域上的点，使其能够与边缘相吻合。然后逐帧播放，查看跟踪情况，如果发现有个别地方出现错位，可以针对某一帧画面进行微调。微调可以打开视图区的 AdjustTrack(调整跟踪)选项卡，如图 8-33 所示。

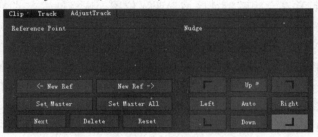

图 8-33　跟踪点微调

(8) 选择其中错位的边角，使用 Auto 自动调节边角位置，如果仍然不能满意，可以使用 Up(上)、Down(下)、Left(左)、Right(右)的按钮，进行精细地微调，直至调节到蓝色区域和边框完全吻合为止，如图 8-34 所示。

(9) 当所有帧中的蓝色区域都与边框能够吻合之后，打开 Track(跟踪)选项卡，选择 Export Tracking Data(输出跟踪数据)，如图 8-35 所示。

(10) 弹出如图 8-36 所示的对话框，单击 Format 的下拉三角，选择 After Effects Corner Pin 的选项，选择 Copy to Clipboard(复制到剪切板)。

(11) 回到 AE 状态(可通过快捷键 Alt+Tab 进行切换)，导入"夜景素材.MP4"或者自己需要填充到画框中的素材，将素材放置在合成时间线的最上面。选择 Edit(编辑)>Paste(粘贴)命令，将在 Mocha 中跟踪的关键帧数据粘贴到"夜景素材.mp4"上，我们可以在特效控制面板中看到粘贴过来的 Corner Pin(边角固定)特效，打开关键帧显示，可以看到如图 8-37 所示的关键帧。

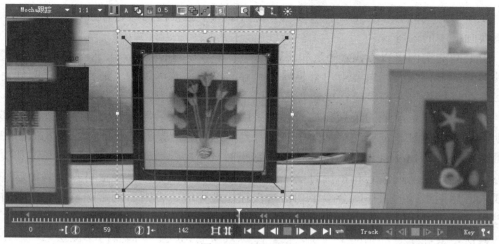

图 8-34　精细微调

图 8-35　选择跟踪选项卡

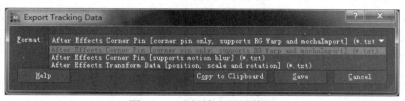

图 8-36　选择输出跟踪数据

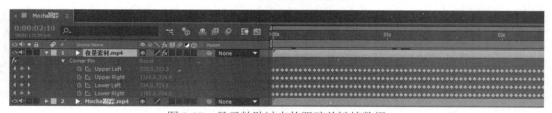

图 8-37　显示粘贴过来的跟踪关键帧数据

(12) 在合成监视器窗口中，我们可以看到实际的效果，如图 8-38 所示。

图 8-38　实际效果

(13) 我们可以按照上面的操作步骤，将其余两个画框内的内容也进行 Mocha 跟踪，然后替换画框中的内容。

由上面的实例可以看出，稳定和跟踪是一个非常费时的过程，虽然操作相对比较复杂，但其功能却十分强大。只要用户有足够的耐心与细心，就可以完美地稳定和跟踪任何的影像。但在进行稳定和跟踪时，要重点考虑以下几方面的问题：

首先，要注意前期的策划和拍摄。如果用户决定要在后期进行后期跟踪处理，那么在前期策划和拍摄时一定要注意画面中对跟踪点的选择。一般来讲，无论是运动跟踪、3D 摄像机跟踪，还是 Mocha 跟踪，主要选取跟踪点时要考虑色度对比、亮度对比和饱和度对比等方面，因此在前期策划和拍摄时要注意跟踪点特征的抓取。只要素材画面满足这些方面的要求，后期跟踪的工作就会事半功倍，很轻松地完成，否则后期跟踪将是一个费时费力的过程。

其次，要注重叠加画面中的统一性。跟踪效果的完成至少需要两个图层，一层是跟踪图层，另一个是被跟踪图层。这两个图层叠加在一起，由于光线、色彩、影调等出现不统一，造成跟踪叠加后的影像出现分裂，给人的感觉很生硬。因此，在制作跟踪特效时，要考虑叠加图层的统一性问题，尽可能在前期策划和现场拍摄时注意到图层叠加的统一性，这样可以减少图层叠加后调色的麻烦。

最后，要明白一点后期特效处理不是万能的。用户要清楚一点，并不是所有不稳定、抖动的画面都能够在后期进行稳定处理。因此，在前期拍摄时，一定要遵循现场拍摄的基本要求，只有这样，才能避免拍摄素材的浪费，也才能保证后期特效制作能够顺利进行。

第 **9** 章

调 色 特 效

调色在后期特效中是一件非常重要的事情，有时是因为不同的素材合成在一起需要色调一致，有时是为了用某种色调表现特殊的氛围，这都需要对图像进行色彩的校正和调节。在进行校正之前，一定要先将监视器的颜色调准确，否则即使是调完的颜色也会存在偏差。After Effects CC 在 Effect(效果)>Color Correction(颜色校正)特效组中共提供了 26 个调色特效，下面分别进行介绍。

9.1 颜色校正

9.1.1 Auto Color(自动颜色)特效

选择 Effect(效果)>Color Correction(颜色校正)>Auto Color(自动颜色)特效，可以自动处理画面的颜色，也可以通过参数进行操作，如图 9-1 所示。

图 9-1　自动颜色特效面板

具体参数含义如下。

- Temporal Smoothing(seconds)：指定一个定向平滑的时间滤波范围，单位是秒。
- Scene Detect：时间滤波范围不是 0 时，此项才被激活，勾选它表示检测层中图像的场景。
- Black Clip：修剪暗部的图像，可以加深阴影。
- White Clip：修剪亮部的图像，可以提高高光部分的亮度。

- Snap Neutral Midtones：勾选此项表示识别并自动调整中间颜色的影调。
- Blend With Original：设置调节后的效果图像与原始素材图像的混合程度。

应用自动颜色特效后的效果对比，如图 9-2 所示。

图 9-2　自动颜色效果对比

9.1.2　Auto Contrast(自动对比度)特效

选择 Effect(效果)>Color Correction(颜色校正)>Auto Contrast(自动对比度)特效，可以自动处理画面的对比度，也可以通过参数进行操作，如图 9-3 所示。

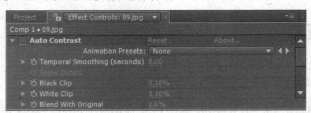

图 9-3　自动对比度特效面板

Auto Contrast(自动对比度)与 Auto Color(自动颜色)特效相比，只是缺少了 Snap Neutral Midtones(吸附调整中间色调)的参数，其他参数均相同，这里不再赘述，效果对比如图 9-4 所示。

图 9-4　自动对比度效果对比

9.1.3 Auto Level(自动色阶)特效

选择 Effect(效果)>Color Correction(颜色校正)>Auto Level(自动色阶)特效，可以自动处理画面的色阶，也可以通过参数进行操作，如图 9-5 所示。

图 9-5 自动色阶特效面板

Auto Level(自动色阶)与 Auto Contrast(自动对比度)特效相比，参数均相同，这里不再赘述，效果对比如图 9-6 所示。

图 9-6 自动色阶效果对比

9.1.4 Brightness & Contrast(亮度和对比度)特效

选择Effect(效果)>Color Correction(颜色校正)>Brightness & Contrast(亮度对比度)特效，可以调整画面的亮度和对比度。参数只有Brightness(亮度)和Contrast(对比度)，调整这两个参数可以调节画面的亮度，增加或减少画面反差，调节参数及其效果如图 9-7 所示。

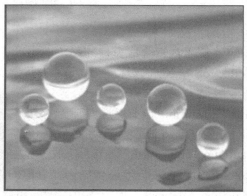

图 9-7 参数调节及效果

9.1.5　Broadcast Colors(广播级颜色)特效

选择 Effect(效果)>Color Correction(颜色校正)>Broadcast Colors(广播级颜色)特效，可以将色彩校正为广播级的色彩标准，如图 9-8 所示。

图 9-8　广播级颜色特效设置

参数具体含义如下。

- Broadcast Locale：选择本地使用的电视制作，在此选择为 PAL 制式。
- How to Make Color Safe：如何实现色彩安全，选项包括 Reduce Luminance(降低亮度)、Reduce Saturation(降低色饱和度)、Key Out Unsafe(非安全切断)和 Key Out Safe(安全切断)。
- Maximum Signal Amplitude(IRE)：设置最大信号幅度，默认值为 110。

9.1.6　Change Color(更改颜色)特效

选择 Effect(效果)>Color Correction(颜色校正)>Change Color(更改颜色)特效，可以通过选取颜色或设置相似值来确定区域，进行颜色改变，如图 9-9 所示。

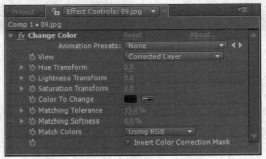

图 9-9　更改颜色特效设置

具体参数的含义如下。

- View：用于观察合成窗口的颜色效果，选项包括 Corrected Layer(校正层)和 Color Collection Mask(色彩校正蒙版)。校正层显示应用更改颜色特效后的效果，色彩校正蒙版显示层上被修改的部分。
- Hue Transform：调节所选取颜色的色调。
- Lightness Transform：调节所选取颜色的亮度。
- Saturation Transform：调节所选取颜色的饱和度。
- Color to Change：选取图像中需要调整的颜色区域。
- Matching Tolerance：调节颜色匹配的相似度。

- Matching Softness：调节颜色匹配的柔和度。
- Match Colors：选择匹配的颜色空间。RGB 以红、绿、蓝为基础匹配颜色，Hue 以色调为基础匹配颜色，Chroma 以饱和度为基础匹配颜色。
- Invert Color Correction Mask：反转确定应用颜色的蒙版。

选择 Color to Change(需要调节的颜色)中的吸管工具，在图像中选择需要调节的颜色像素，调节滑块，可以在预览窗口中看到转化的效果。如果需要转化较为复杂的像素时，需要重复应用多层更改颜色特效，以得到比较满意的效果，如图 9-10 所示为应用 3 次更改颜色特效，将红色玫瑰花的颜色改变为蓝紫色的效果对比。

图 9-10　更改颜色的效果对比

9.1.7　Change to Color(颜色改变)特效

Effect(效果)>Color Correction(颜色校正)>Change to Color(颜色改变)特效与 Change Color(更改颜色)特效类似，也是通过选取和指定颜色，调节颜色区域的色调，如图 9-11 所示。

具体参数的含义如下。

- From：选择需要改变的源颜色。
- To：选取改变后的目标颜色。
- Tolerance：修改颜色相似度，包括所选颜色的 Hue(色调)、Lightness(亮度)和 Saturation(色彩饱和度)等参数。
- Softness：设置颜色的柔和度。

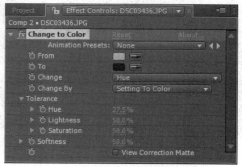

图 9-11　颜色改变特效参数

选择 From 中的吸管工具，在图像中选择需要调节的颜色像素，在 To 中设置色块的颜色，调节颜色相似度参数，可以在预览窗口中看到转化的效果。如图 9-12 所示为将红色玫瑰花的颜色改变为蓝色的效果对比。

图 9-12　颜色改变的效果对比

9.1.8　Channel Mixer(通道混合)特效

Effect(效果)>Color Correction(颜色校正)>Channel Mixer(通道混合)是一个用于颜色调整的滤镜。应用 Channel Mixer(通道混合)可以通过当前相对应的彩色通道值来修改一个彩色通道，也可以通过调整每个通道相应的百分比参数产生高品质的灰阶图效果，或者产生同样高品质的其他色调的画面效果，这种效果经常在视频中表现某种情绪时使用，例如蓝色色调体现忧郁的情感表达，绿色色调表现出恐怖的气氛，深棕色调用在回忆的镜头中等。具体参数的含义如下。

- Channel-Channel：表示由一个颜色通道输出到另一个目标颜色通道，如 Red-Red(纯红色通道)，默认的参数为 100%，数值调节越大时输出此颜色的强度越高，对目标通道的影响越大，如果数值低于 100%时，表示输出到目标通道前反转颜色通道。
- Monochrome：单色通道，可以将视频去色使其成为灰阶图的效果，勾选此项可以快速地变为黑白效果，如图 9-13 所示。

图 9-13　通道混合的单色通道效果对比

9.1.9 Color Balance(色彩平衡)特效

选择 Effect(效果)>Color Correction(颜色校正)>Color Balance(色彩平衡)特效,可以调整色彩平衡。通过调整层中所包含的红、绿、蓝的颜色值,来调整颜色以达到平衡的目的,如图 9-14 所示。

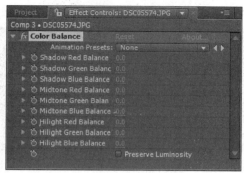

图 9-14 色彩平衡特效设置

具体参数的含义如下。

- Shadow (Channel) Balance:用于调整暗部通道颜色平衡。
- Midtone (Channel) Balance:用于调整中间色调通道颜色平衡。
- Hilight (Channel)Balance:用于调整高亮度通道颜色平衡。
- Preserve Luminosity:该选项可以通过保持图像的平均亮度,来保持图像的整体平衡。

在图像中根据暗部、中间色调和高亮度区域的颜色通道,调节参数数值,可以在预览窗口中看到颜色平衡的效果。

9.1.10 Color Balance(HLS)特效

选择 Effect(效果)>Color Correction(颜色校正)>Color Balance(HLS)特效,可以调整色度、亮度及饱和度来调整颜色的平衡度,如图 9-15 所示。

图 9-15 Color Balance(HLS)特效设置

参数具体含义如下。

- Hue:调节图像的色度。
- Lightness:调节图像的亮度。
- Saturation:调节图像的色饱和度。

在图像中调节色度、亮度和饱和度数值参数,可以在预览窗口中看到颜色平衡的效果。

9.1.11　Color Link(颜色链接)特效

选择 Effect(效果)>Color Correction(颜色校正)>Color Link(颜色链接)特效，可以根据周围环境改变素材的颜色。例如在蓝屏前拍摄的素材可以通过前面所学的抠像技术将蓝屏背景变为透明，但放置在新背景前面，会因为两段素材的光照不同，使整体效果不协调，这时可以利用颜色链接特效使两段素材取得一定的协调性，特效设置如图 9-16 所示。

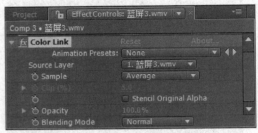

图 9-16　颜色链接特效设置

具体参数的含义如下。

- Source Layer：选择需要与之进行颜色链接的图层。
- Sample：选择颜色取样点的调整方式。
- Stencil Original Alpha：读取原图中的透明蒙版，如果原图中没有 Alpha 通道，则通过抠像也可以产生类似的透明区域，所以勾选此项很重要。
- Opacity：设置颜色协调后的不透明度。
- Blending Mode：调整所选择图层的混合模式，这也是该特效中的一个关键点，最终的效果通过混合完成。

将蓝屏素材放置在时间轴的上方，背景素材放置在下方。将蓝屏素材添加 Effect(效果)>Keying(键控)>Color Key(颜色键控)，选择蓝色为键出的颜色，露出背景素材。添加 Effect(效果)>Color Correction(颜色校正)>Color Link(颜色链接)特效，勾选 Stencil Original Alpha 选项，设置 Blending Mode(混合模式)为 Overlay，Source Layer 层分别选择两种不同的背景素材进行链接，效果如图 9-17 所示，分别为未添加颜色链接特效和添加不同的背景素材后的合成效果。

图 9-17　颜色链接的对比效果

9.1.12 Color Stabilizer(色彩平衡器)特效

选择 Effect(效果)>Color Correction(颜色校正)>Color Stabilizer(色彩平衡器)特效,可以根据周围颜色的数值来影响和改变素材颜色,它需要两者或两者以上的素材内容,如图 9-18 所示。

图 9-18 色彩平衡器特效设置

具体参数的含义如下。

- Stabilize:设置颜色稳定的类型,共有 3 种类型可供选择,分别是 Brightness(亮度)、Levels(色阶)和 Curves(曲线)。
- Black Point:用来控制稳定的最暗点。
- Mid Point:用于控制稳定的中间点。
- White Point:用于控制稳定的最亮点。
- Sample Size:用于限定取样点的范围。

9.1.13 Colorama(彩色光)特效

选择 Effect(效果)>Color Correction(颜色校正)>Colorama(彩色光)特效,可以创建多种色彩效果,以一种渐变色进行平滑填色,使其设置的彩色光效果映射到原图上,用来制作彩虹、霓虹灯效果,如图 9-19 所示。

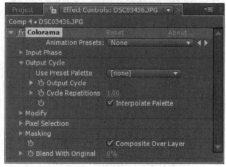

图 9-19 彩色光特效

具体参数的含义如下。

1. Input Phase(输入相位)

该选项用于设置渐变映射的参数。展开扩展菜单,如图 9-20 所示。可以对以下参数进行设置。

图 9-20　输入相位参数

- Get Phase From：选择以图像的哪个通道进行渐变映射。
- Add Phase：指定合成图像中的一个层产生渐变映射。
- Add Phase From：为指定层产生渐变映射添加通道。
- Add Mode：选择渐变映射的添加模式。
- Phase Shift：设置相位的偏移角度。

2. Output Cycle(输出循环)

可以对渐变的样式进行设置。展开扩展菜单，可以对以下参数进行设置。

- Use Preset Palette：选择渐变映射效果。当选择其中的某一种效果后，可以在 Output Cycle(输出循环)中进一步调整。
- Output Cycle：输出循环栏可以对多选择的映射效果进行调整，包括一个颜色轮和一个颜色条，如图 9-21 所示。颜色轮决定了图像中渐变映射的颜色。在色轮上拖动三角形颜色块，可以改变颜色的面积和位置。

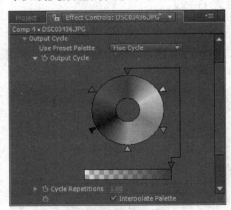

图 9-21　颜色调节

- Cycle Repetitions：控制渐变映射颜色的循环次数，注意不要将其设置为 0，也不要将该参数设置过高。
- Interpolate Palette：取消此选项，系统以 256 色在颜色轮上产生渐变映射。

3. Modify(修改)

该选项可以对渐变映射效果进行修改。展开扩展菜单，可以对以下参数进行设置，如图 9-22 所示。

图 9-22　修改参数

- Modify：在下拉菜单中选择渐变映射影响当前层的方式。
- Modify Alpha：设置是否修改 Alpha 通道。
- Change Empty Pixels：设置是否修改图像中的空白像素。

4. Pixel Selection(像素选择)

可以指定渐变映射在当前层上所影响的像素范围，展开扩展菜单，如图 9-23 所示。可以对以下参数进行设置。

图 9-23　像素选择参数

- Matching Color：设置当前层上渐变映射所影响的像素。
- Matching Tolerance：设置像素宽容度，数值越高，则会有越多的颜色相似像素被影响。
- Matching Softness：设置像素柔和度，使其与未受影响的像素之间产生柔化边缘。
- Matching Mode：选择指定颜色所使用的匹配模式。

5. Masking(蒙版层)

可以在下拉菜单中为当前层指定一个蒙版层。

6. Blend With Original(与原始图像的混合)

用于合成转化后的图像与原始图像的混合效果，应用淡入淡出效果。

参数设置后如图 9-24 所示，左图为原图，右图为参数设置后的效果。

图 9-24　应用彩色光后的效果对比

9.1.14　Curves(曲线)特效

选择 Effect(效果)>Color Correction(颜色校正)>Curves(曲线)特效,可以调整视频和图像的色调曲线,通过改变效果窗口的 Curves 曲线的形状来改变图像的色调,图 9-25 为调整后的曲线,图 9-26 所示为实际效果,左图为原图,右图为参数设置后的效果。

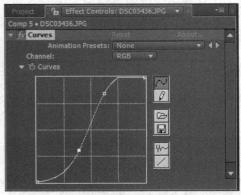

图 9-25　曲线特效设置

图 9-26　曲线特效效果

Channel(通道)用于选择将要进行调控的通道,可以选择 RGB 通道、Red 通道、Green 通道、Blue 通道和 Alpha 通道分别进行调控。

在面板中可以看到 6 个工具,下面讲解这 6 个工具的作用。

- 曲线工具:可以用鼠标直接在斜线上通过添加控制点,并移动控制点位置的方法来达到调整的目的。
- 铅笔工具:与曲线工具两者都是用来做精细调整的工具,可以在斜线上直接画出想要的曲线,只不过在精确的程度上略有不同。
- 打开工具:用来导入以前设置好的曲线,这样可以极大地提高工作效率。
- 保存工具:用来保存调整好的曲线,这样以后想在别的视频和图像应用时,只要单击(打开工具),然后找到其保存的路径,将其打开即可。
- 平滑工具:用于平滑曲线。
- 直线工具:当对调整的曲线不满意时,即可以使用此按钮,将调乱的曲线重新恢复到斜线的初始状态。

在后面介绍的 Level(色阶)中也可以达到同样的效果，但 Curves 的控制能力更强、更精细。

9.1.15 Equalize(均衡)特效

选择 Effect(效果)>Color Correction(颜色校正)>Equalize(均衡)特效，可以对图像的色调平均化。它以白色取代图像中最亮的像素，以黑色取代图像中最暗的像素，平均分配白色与黑色之间的色调取代最亮和最暗之间的像素，如图 9-27 所示。

图 9-27　均衡特效参数

具体参数含义如下。

- Equalize：指定平均化的方法，RGB 基于红、绿、蓝平衡图像；Brightness 基于像素亮度；Photoshop Style 重新分布图像中的亮度值。
- Amount to Equalize：指定重新分布平均值的程度。

设置参数后效果如图 9-28 所示，左图为原图，右图为参数设置后的效果。

图 9-28　应用均衡效果对比图

9.1.16 Exposure(曝光)特效

选择 Effect(效果)>Color Correction(颜色校正)>Exposure(曝光)特效，可以调节画面曝光的程度。具体参数的含义如下。

Channels 选择需要曝光的通道。如果选择 Master(主通道)则激活如图 9-29 所示的参数设置；如果选择 Individual Channel(单独通道)，则激活如图 9-30 所示的参数设置。

(1) Master(主通道)：该参数的设置将用于整个画面中。

- Exposure：设置曝光程度。

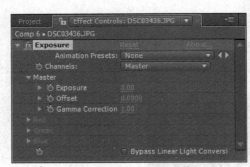

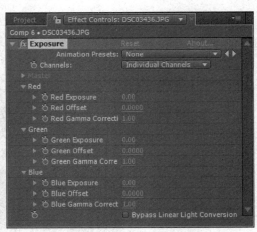

图 9-29　主通道曝光设置　　　　　　　　图 9-30　单独通道曝光设置

- Offset：设置曝光偏移量。
- Gamma Correction：设置图像的伽马值校正。

(2) Red：主要用于设置红色通道的曝光参数设置。

(3) Green：主要用于设置绿色通道的曝光参数设置。

(4) Blue：主要用于设置蓝色通道的曝光参数设置。

(5) Bypass Linear Light Conversion：勾选该选项主要用于设置旁路线性光转换。

设置参数后效果如图 9-31 所示，左图为原图，右图为参数设置后的效果。

图 9-31　应用曝光效果的对比图

9.1.17　Gamma/Pedestal/Gain(伽马/基色/增益)特效

选择 Effect(效果)>Color Correction(颜色校正)>Gamma/Pedestal/Gain(伽马/基色/增益)
特效，可以调整每个通道的反应曲线，如图 9-32 所示。

具体参数的含义如下。

- Black Stretch：重新设置所有通道的低像素值。
- (Channel)Gamma：分别设置颜色通道的伽马值。伽马参数的变化将提高或降低图
  像中的中间范围，图像整体会变亮或变暗，但是图像中暗部和亮部的部位不受影
  响。数值越大，图像越亮。

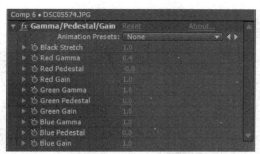

图 9-32　伽马/基色/增益特效设置

- (Channel)Pedestal：分别设置通道的最低输出值，Pedestal 参数影响中间区域和阴影区域中的亮度，对高光部分的亮度影响较小。
- (Channel)Gain：控制通道的最大输出值，Gain 参数影响中间区域和高光区域中的亮度，对阴影部分的亮度影响较小。

9.1.18　Hue/Saturation(色相/饱和度)特效

选择 Effect(效果)>Color Correction(颜色校正)>Hue/Saturation(色相/饱和度)，可以调整图像中单个颜色分量的 Hue(色相)、Saturation(饱和度)。其应用的效果和 Color Balance 基本一样，其主要利用颜色相位调整来进行控制，如图 9-33 所示。

具体参数的含义如下。

- Channel Control：用于选择将要应用的颜色通道，选择 Master 表示对所有颜色应用 Reds(红色)、Yellows(黄色)、Greens(绿色)、Cyans(青色或称蓝绿)和 Blue Magentas (洋红色)。
- Channel Range：调节通道范围，通过下面的颜色条，用户可以直观地在色条中进行调整，以达到理想的效果。
- Master Hue：用来调整角度和周期，其后面的参数：0×+0.0°，第一个 0 用于调整周期，后面参数用来调整色相的效果。
- Master Saturation：调节主通道饱和度，其范围从-100到100，可以在其后直接输入，也可以拖动下面三角形的滑块来进行快速的调整，如果饱和度为-100时，图像为黑白的灰色图像。
- Master Lightness：用于调整主通道亮度，其调整的方法与上面的 Master Saturation 一样，可以参考上面的使用方法。
- Colorize：勾选此选项，则调整图像为带有色调的双色图像，如图 9-34 所示。
- Colorize Hue：用于调整双色图的色相。
- Colorize Saturation：用于调整双色图的饱和度。
- Colorize Lightness：用于调整双色图的亮度。

勾选设置 Colorize(彩色化)选项效果如图 9-35 所示，左图为原图，右图为双色图老电影效果。

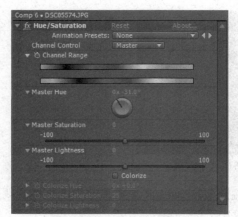

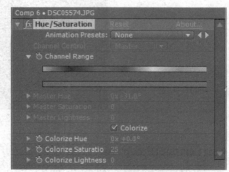

图 9-33　主通道参数　　　　　　　　　图 9-34　双色参数

图 9-35　设置 Colorize(彩色化)效果对比

9.1.19　Leave Color(脱色)特效

选择 Effect(效果)>Color Correction(颜色校正)>Leave Color(脱色)特效，可以删除图像中除指定颜色之外的其他颜色，如图 9-36 所示。

图 9-36　脱色特效

具体参数含义如下。

- Amount to Decolor：设置除选定颜色外图像的脱色程度。
- Color To Leave：设置要保留下的颜色。
- Tolerance：设置颜色的相似度。
- Edge Softness：设置被删除颜色与保留颜色之间的边缘柔化程度。

- Match Colors：设置色彩的匹配方式。

用吸管设置 Color To Leave(保留下的颜色)，调大 Amount to Decolor(脱色程度)的数值，在合成预览窗口中会看到除选定的颜色之外，其余的颜色逐渐变为黑白，如果脱色不干净，可以适当调整 Tolerance(相似度)、 Edge Softness(柔化度)的参数，如图 9-37 所示，左图为原图，右图为脱色后的图像。

图 9-37　设置脱色的效果对比

9.1.20　Levels(色阶)特效

选择 Effect(效果)>Color Correction(颜色校正)>Level(色阶)特效，可以将输入的颜色范围重新映射到输出的颜色范围，还可以改变 Gamma 参数以达到高级调整的目的，如图 9-38 所示。

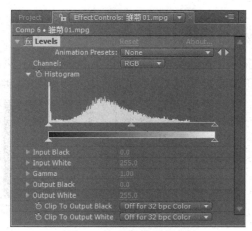

图 9-38　色阶特效设置

具体参数的含义如下。

- Channel：用于选择要进行调控的通道，可以选择 RGB 通道、Red 通道、Green 通道、Blue 通道和 Alpha 通道分别进行调控。
- Histogram：该谱线图显示像素值在视频或图像中的分布情况，水平方向表示亮度值，垂直方向表示该亮度值的像素数量。没有像素值会比输出黑色值更低，也不会比输出白色值更高，也就是说像素值只能介于黑色和白色的值的范围内。

- Input Black：输入黑色用于限定输入图像黑色值的阈值。
- Input White：输入白色用于限定输入图像白色值的阈值。
- Gamma：用于设置 Gamma 值，来调整输入输出对比度。
- Output Black：输出黑色用于限定输出图像黑色值的阈值。
- Output White：输出白色用于限定输出图像白色值的阈值。

9.1.21 Levels(Individual Controls)(独立色阶控制)特效

Effect(效果)>Color Correction(颜色校正)>Levels(Individual Controls)(独立色阶控制)特效是在色阶的基础上扩展而来，参数在这里就不再赘述，应用独立色阶控制的效果如图 9-39 所示，左图为原图，右图为应用特效后的效果。

图 9-39　设置独立色阶控制的效果对比

9.1.22 Photo Filter(照片滤镜)特效

选择 Effect(效果)>Color Correction(颜色校正)>Photo Filter(照片滤镜)特效，可以为画面添加适当的滤光镜或偏正镜，产生特殊的画面效果，参数如图 9-40 所示。

图 9-40　照片滤镜参数

具体参数含义如下。
- Filter：选择不同的滤镜。
- Color：将滤镜设置为自定义时，可以设置滤镜的颜色。
- Density：设置滤光镜的滤光浓度。
- Preserve Luminosity：勾选此项表示保持像素的亮度。

在 Filter(滤镜)中选择适合的滤镜后，效果如图 9-41 所示，左图为原图，右图为添加 Cooling Filter(82)滤镜的效果，可以看出图片上的景色变得清晰很多。

图 9-41　设置滤镜的效果对比

9.1.23　PS Arbitrary Map(PS 任意贴图)特效

选择 Effect(效果)>Color Correction(颜色校正)>PS Arbitrary Map(PS 任意贴图)特效,可以将 Photoshop 中的 Arbitrary Map 文件应用于当前层,调整图像的明度值,参数如图 9-42 所示。

图 9-42　PS 任意贴图参数

具体参数的含义如下。

- Phase:设置相位,用于循环 PS Arbitrary Map(PS 任意贴图),向右移动增加 Arbitrary Map 的量,向左移动减少 Arbitrary Map 的量。
- Apply Phase Map To Alpha:勾选此项,表示映射影像到层的 Alpha 通道。

9.1.24　Shadow/Highlight(阴影和高光)特效

选择 Effect(效果)>Color Correction(颜色校正)>Shadow/Highlight(阴影和高光)特效,可以针对画面中的阴影和高光部分进行处理,参数如图 9-43 所示。

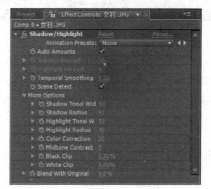

图 9-43　阴影和高光参数

197

具体参数的含义如下。

- Auto Amounts：勾选此项，系统将对当前画面进行自动调节。
- Shadow Amount：只有不勾选 Auto Amount(自动数量)时，此项才被激活，用于设置对画面的暗部进行调节。
- Highlight Amount：只有不勾选 Auto Amount(自动数量)时，此项才被激活，用于设置对画面的亮部进行调节。
- Temporal Smoothing：设置时间轴的平滑。
- More Options：打开扩展菜单，可以进一步设置特效的参数项。
- Blend With Original：设置效果后的图像与原图像的混合程度。

如图 9-44 所示，左图为阴影较重的图片，暗部细节损失较多，添加 Shadow/Highlight(阴影和高光)特效，调整其参数，可以提高暗部细节信息，效果对比较明显。

图 9-44　设置阴影和高光的效果对比

9.1.25　Tint(染色)特效

选择 Effect(效果)>Color Correction(颜色校正)>Tint(染色)特效，可以修改图像的颜色信息，在图像的亮部和暗部之间确定一种混合效果，参数如图 9-45 所示。

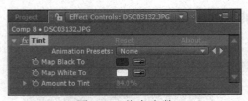

图 9-45　染色参数

具体参数的含义如下。

- Map Black To：将图像中的暗部像素映射到指定的颜色。
- Map White To：将图像中的亮部像素映射到指定的颜色。
- Amount to Tint：设置映射染色的数量。

9.1.26　Tritone(三色调)特效

选择 Effect(效果)>Color Correction(颜色校正)> Tritone(三色调)特效，可以分别在高光、

中间色和暗部三方面进行调节，参数如图 9-46 所示。

图 9-46　三色调特效参数

具体参数的含义如下。

- Highlights：设置高光区域的色彩。
- Midtones：设置中间色调区域的色彩。
- Shadows：设置暗部区域的色彩。
- Blend With Original：设置效果后的图像与原图像的混合程度。

设置参数后效果如图 9-47 所示，左图为原图，右图为参数设置后的效果。

图 9-47　设置三色调的效果对比

9.2　颜色校正操作实例

9.2.1　水墨画效果

在后期特效制作中，水墨画效果是非常常见而且实用的效果。在这里将利用 After Effects 的调色特效制作水墨画的效果。

(1) 启动 After Effects CC 软件，选择 Composition(合成)>New Composition(新建合成) 命令，弹出 Composition Setting 对话框，命名为"水墨画"，设置 Preset 为 PAL D1/DV，帧尺寸为 720×576，时间长度为 6 秒，单击 OK 按钮保存设置。

(2) 将山水和宣纸纹理图片拖曳到时间轴窗口中，山水图片放置在宣纸纹理图片上方，选择 Layer(图层)>Transform(转换)>Fit to Comp(适配到合成图像尺寸)命令，或者按快捷键 Ctrl+Alt+F，将图片尺寸适配为合成图像尺寸，充满画面。

(3) 选择山水图层，单击鼠标右键，选择 Effect(效果)>Stylize(风格化)>Find Edge(查找边界)特效，将 Blend With Original(与原图像混合)设置为 40%，如图 9-48 所示，效果如图 9-49 所示。

图 9-48　添加查找边界特效设置　　　　　　　图 9-49　查找边界效果

(4) 选择山水图层，单击鼠标右键，选择 Effect(效果)>Color Correction(颜色校正)>Hue/Saturation(色相/饱和度)特效，如图 9-50 所示。将 Master Saturation(主通道饱和度)设置为-100 时，图像变为黑白图像，如图 9-51 所示。

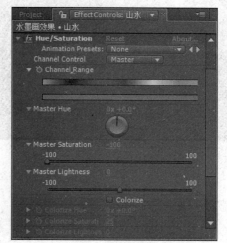

图 9-50　添加色相/饱和度特效设置　　　　　　图 9-51　色相/饱和度效果

(5) 选择山水图层，单击鼠标右键，选择 Effect(效果)>Color Correction(颜色校正)>Level(色阶)特效，将 Input Black(输入黑色)设置为 40，Input White(输入白色)设置为230，如图 9-52 所示，效果如图 9-53 所示。

(6) 选择山水图层，单击鼠标右键，选择 Effect(效果)>Blur & Sharpen(模糊与锐化)>Compound Blur(复合模糊)特效，将 Maximum Blur(最大模糊)值调为 2.0，如图 9-54 所示，其实际效果如图 9-55 所示。

(7) 按快捷键 F4，调出混合模式工具栏，将山水图层的混合模式设置为 Screen(屏幕)模式，如图 9-56 所示，山水效果如图 9-57 所示。

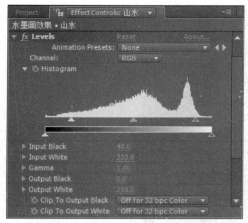

图 9-52 添加色阶特效设置

图 9-53 色阶效果

图 9-54 添加复合模糊特效设置

图 9-55 复合模糊效果

图 9-56 设置屏幕混合模式

图 9-57 水墨画效果

9.2.2 火焰字效果

(1) 启动 After Effects CC 软件，导入"狼道.psd"文件和背景贴图。直接拖曳"狼道.psd"文件到新建合成图标上，如图 9-58 所示，新建一个与素材文件尺寸一致的合成。

图 9-58　新建与素材尺寸一致的合成

(2) 在时间线窗口的空白位置单击鼠标右键，选择 New(新建)>Solid(固态层)命令，如图 9-59 所示，新建一个白色固态层，放置在"狼道.psd"文件之下。

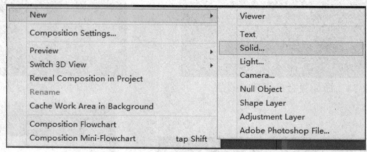

图 9-59　新建固态层

(3) 选择白色固态层，在固态层上按照"狼道.psd"中的图片形状绘制形状遮罩，如图 9-60 所示。

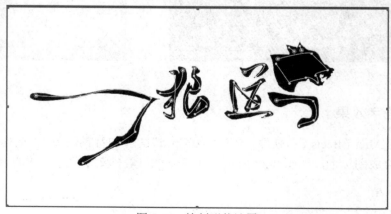

图 9-60　绘制形状遮罩

(4) 绘制结束后关闭"狼道 .psd"图片显示，选择白色固态层，添加 Effect(效果)>Generate(生成)>Stroke(描边)特效，选择全部遮罩，设置 End 关键帧，0 秒为 0，5 秒为 100，Paint Style(笔刷格式)设置为 On Transparent(在透明上)，调大笔刷 Brush Size 的值，如图 9-61 所示。

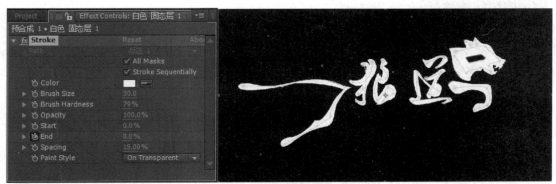

图 9-61 描边特效设置

(5) 选择白色固态层中的 Mode(模式)，选择 PSD 文件作为 Alpha 蒙版，如图 9-62 所示，将图片中文字的笔画粗细赋予白色固态层的遮罩。同时选择两个图层，选择菜单中的 Layer(图层)>Pre-compose(合并图层)命令，命名为"手写图形"。

图 9-62 设置模式

(6) 在时间线窗口的空白位置，单击鼠标右键并选择 New(新建)>Solid(固态层)命令，新建一个白色固态层，放置在"手写图形"合成图层之下。选择固态层，单击鼠标右键，添加 Effect(效果)>Noise & Grain(噪波与增益)>Fractal Noise(分形噪波)特效，Fractal Type(分型)类型选择 Dynamic Twist(动态扭曲)，Noise Type(噪波类型)选择 Soft Linear(柔线形)，设置 Contrast(对比度)为 300，Complexity(复杂度)为 6.0，对 Offset Turbulence(偏移)设置关键帧，0 秒为下方，5 秒为上方，Evolution(生长度)设置关键帧 0 秒为 0，5 秒为 2 圈，如图 9-63 所示。选择白色图层，选择菜单中的 Layer(图层)>Pre-compose(合并图层)命令，命名为"置换层"，并关闭其显示。

(7) 选择"手写图形"合成图层，单击鼠标右键，添加 Effect(效果)>Blur&Sharpen(模糊与锐化)>Fast Blur(快速模糊)特效，调大模糊值为10。接着单击鼠标右键添加 Effect(效果)>Distort(扭曲)>Turbulent Displace(扭曲置换)特效，调大 Amount(数量)的值为100，复杂度设置为5，设置 Offset(偏移量)关键帧，0秒为开始位置，5秒为中间位置，如图9-64所示。

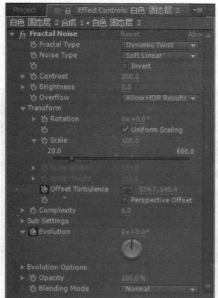

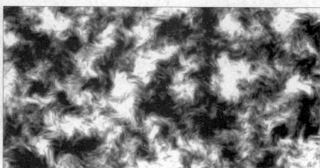

图 9-63　设置分形噪波参数

图 9-64　设置快速模糊和扭曲置换特效

(8) 单击鼠标右键，添加 Effect(效果)>Distort(扭曲)>Displace Map(置换贴图)特效，水平方向最大值为 0，垂直方向最大值为-20。接着单击鼠标右键，添加 Effect(效果)>Color Correction(色彩校正)>Colorama(彩色光)特效，输入相位选择 Alpha，输出中选择 Fire(火)，如图 9-65 所示。

(9) 导入纹理图片作为背景，放置在最下方。单击鼠标右键，添加 Effect(效果)>Stylize(风格化)>CC Glass(玻璃)特效，选择"手写图形"合成图层，单击鼠标右键，添加 Effect(效果)>Stylize(风格化)>Glow(辉光)特效，强度设置为 1.5。接着添加 Effect(效果)>Perspective(透视)>Drop Shadow(阴影)特效，如图 9-66 所示。

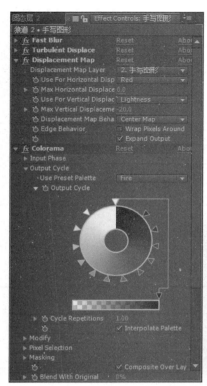

图 9-65　设置置换贴图和彩色光特效

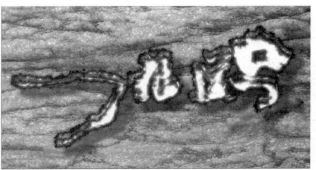

图 9-66　设置辉光和阴影效果

第 **10** 章

仿真特效

After Effects 在特效中提供了一组 Simulation(仿真)特效，模拟自然界中的一些现象，利用其中的仿真特效，可以制作出绚丽的效果。Simulation(仿真)特效的参数比较多，因此在学习的过程中可以重点记忆一些重要参数。

10.1 Card Dance(卡片舞蹈)特效

10.1.1 参数含义

使用 Effect(效果)>Simulation(仿真)>Card Dance(卡片舞蹈)特效，可以根据指定层的特征对画面进行分割，产生卡片舞蹈的效果，可以在 X、Y、Z 轴向上产生三维效果，还可以设置摄像机、灯光和材质等效果。其特效参数如图 10-1 所示。

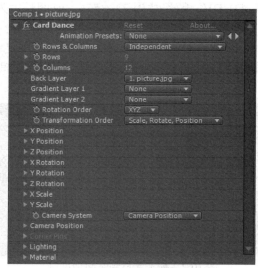

图 10-1 卡片舞蹈参数

具体参数含义如下。

- Rows & Columns：控制如何在单位面积内产生卡片。Independent(独立)表示 Rows(行)与 Columns(列)参数是相互独立的，可以分别设置其参数。Columns Follows Rows(列跟随行)表示参数由 Rows 参数控制。

- Back Layer：在下拉列表中指定合成图像中的一个层为背景层。

- Gradient Layer1/2：在下拉列表中指定卡片的渐变层。

- Transformation Order：在下拉列表中指定卡片的变化顺序。

- X/Y/Z Position：设置卡片在 X、Y、Z 轴上的位移属性。展开扩展菜单，可以看到 Source(源)表示指定影响卡片的素材特征；Multiplier(倍增)为影响卡片的偏移量设置一个乘数，以控制影响效果的强弱；Offset(偏移)设定偏移量。

- X/Y/Z Rotation：设置卡片在 X、Y、Z 轴上的旋转属性。

- X/Y Scale：设置卡片在 X、Y 轴上的缩放属性。

- Camera Position：展开摄像机位置扩展参数栏后，可以对摄像机的参数进行调节，包括摄像机的 X/Y/Z Position(位移属性)、X/Y/Z Rotation(旋转属性)以及调整 Focal Length(焦距)等。

- Corner Pins：展开控制点扩展参数栏后，可以调整控制点的参数，勾选 Auto Focal Length 后，系统可以自动调整焦距。

- Lighting：展开灯光扩展参数栏后，可以对灯光的属性进行设置，在第 6 章中已经介绍过灯光的属性及应用，这里不再赘述。

- Material：展开材质扩展参数栏后，可以对材质进行设置。

10.1.2　卡片舞蹈特效操作

(1) 选择Composition(合成)>New Composition(新建合成)命令，弹出Composition Setting 对话框，设置Preset为PAL D1/DV，帧尺寸为 720×576，时间长度为 5 秒，单击OK按钮保存设置。

(2) 导入 9 段视频素材到时间轴窗口中，如果有素材长度不足 5 秒，可以在控制栏的空白区域单击鼠标右键，选择 Column(栏)>Stretch(伸展)工具，将时间延长到 5 秒，如图 10-2 所示。

图 10-2　拖入素材到时间轴窗口

(3) 全选 9 段素材，按快捷键 S 打开缩放属性，设置参数为 33.3%，在合成窗口中移动每一段素材使其铺满整幅画面，如图 10-3 所示。

图 10-3　排列素材

(4) 全选 9 段素材，按快捷键 Ctrl+Shift+C 合并 9 段素材为合并图层。在时间轴窗口的空白区域单击鼠标右键，选择 New(新建)>Solid(固态层)命令，或者按快捷键 Ctrl+Y，新建一个任意颜色的固态层，放置在合成图像下方。选择固态层，添加 Effect(效果)>Generate(生成)>Ramp(渐变)特效，将 Start Color(开始颜色)设置为浅蓝色。

(5) 选择合并图层，添加 Effect(效果)>Simulation(仿真)>Card Dance(卡片舞蹈)特效，设置 Rows 为 3，Columns 为 3，设置 Back Layer(背景层)为合并图层，Gradient Layer1 为渐变图层，将时间指针移动 0 秒位置，打开 Z Position(Z 轴位移)参数，Source(源)选择为 Intensity1，激活 Multiplier(倍增)动画开关，设置关键帧参数为−7，Offset 偏移量关键帧设置为 2，如图 10-4 所示。

图 10-4　设置 Z 轴位移关键帧

(6) 打开 Y Rotation(Y 轴旋转)参数，Source(源)选择为 Intensity1，激活 Multiplier(倍增)动画开关，设置关键帧参数为 90，Offset 偏移量关键帧设置为−10；打开 Z Rotation(Z 轴旋转)参数，Source(源)选择为 Intensity1，激活 Multiplier(倍增)动画开关，设置关键帧参数为 46，如图 10-5 所示。

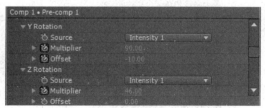

图 10-5　设置旋转关键帧

(7) 打开 X Scale(X 轴缩放)参数，Source(源)选择为 None，激活 Multiplier(倍增)动画开关，设置关键帧参数为 1。

(8) 将时间指针移动到 4 秒位置，设置以上所有属性的关键帧为 0。按快捷键 S，打开缩放属性，将时间指针移至 4 秒，设置缩放为 100%，将时间指针移至 5 秒，设置缩放为 75%。

(9) 选择合并图层，添加 Effect(效果)>Blur & Sharpen(模糊与锐化)>Radial Blur(径向模糊)特效，设置 Type(类型)为 Zoom 缩放，将时间指针移至 0 秒位置，设置 Amount(模糊数量)为 86，将时间指针移至 4 秒位置，设置 Amount(模糊数量)关键帧为 0，如图 10-6 所示。

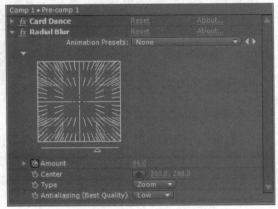

图 10-6　设置径向模糊参数

(10) 合并图层中所有关键帧的设置，如图 10-7 所示。

图 10-7　关键帧设置

(11) 预览效果如图 10-8 所示。

图 10-8　卡片舞蹈效果演示

10.2　Caustics(焦散)特效

Effect(效果)>Simulation(仿真)>Caustics(焦散)特效可模拟自然界中水的折射和反射。该特效配合 Radio Waves(电波)特效和 Wave World(水波纹)特效，可产生奇妙的效果。参数如图 10-9 所示。

图 10-9　焦散参数

下面重点介绍参数的具体含义。

1. Bottom(底部)

展开 Bottom(底部)扩展属性栏，可以看到如图 10-10 所示的底部属性参数。

图 10-10　Bottom(底部)参数

具体参数含义如下。

- Bottom：在下拉列表中指定应用于水下折射效果的图层，即水下的图像，系统默认当前层为水底部的图像。
- Scaling：对水底的图层进行缩放，数值为 1 时，为图层的原始大小。
- Repeat Mode：设置底层图像缩小后留出的空白区域，Once 表示将空白区域透明，Tiled 表示重复底层图像，Reflected 表示反射底层，如图 10-11 所示为 Repeat Mode(重复模式)。

图 10-11　重复模式

- If Layer Size Differs：如果所选底层尺寸与当前图层尺寸不同，则选择 Stretch to Fit(强制底层与当前图层尺寸相同)，或 Center(底层尺寸不变，在当前图层中居中)。
- Blur：设置模糊处理的程度。

2. Water(水)

展开 Water(水)扩展属性栏，可以看到如图 10-12 所示的属性参数。

图 10-12　水属性参数

具体参数含义如下。

- Water Surface：在下拉列表中指定合成图像中的一个图层进行水波纹处理。
- Wave Height：设置波纹高度。
- Smoothing：设置波纹平滑。
- Wave Depth：设置波纹深度。
- Refractive Index：设置折射率。
- Surface Color：为水波纹指定一个颜色。
- Surface Opacity：设置水波纹表面的颜色。
- Caustics Strength：控制聚光的强度，数值越大，聚光越强。

设置水波纹图层后，效果如图 10-13 所示。

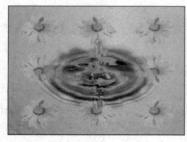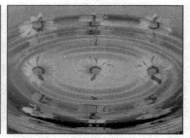

图 10-13　水波纹效果

3. Sky(天空)

展开 Sky(天空)扩展属性栏，可以看到如图 10-14 所示的天空反射层属性参数。

图 10-14　天空属性参数

具体参数含义如下。

- Sky：在下拉列表中指定合成图像中的一个图层作为天空反射层。
- Scaling：对天空的图层进行缩放，数值为 1 时，为图层的原始大小。
- Repeat Mode：设置底层图像缩小后留出的空白区域，Once 表示将空白区域透明，Tiled 表示重复底层图像，Reflected 表示反射底层。
- If Layer Size Differs：如果所选底层尺寸与当前图层尺寸不同，则选择 Stretch to Fit(强制底层与当前图层尺寸相同)，或 Center(底层尺寸不变，在当前图层中居中)。
- Intensity：控制天空的反射强度，数值越大，反射效果越明显。
- Convergence：设置反射边缘的参数，数值越高，边缘越复杂。

选择天空反射图层后，将 Intensity(强度)参数设置为 0.7，Convergence 设置为 0.35，水波纹反射天空的效果如图 10-15 所示。

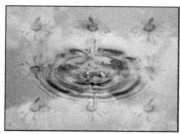  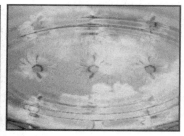

图 10-15　天空反射的效果

4. Lighting(灯光)

展开 Light(灯光)扩展属性栏，可以看到如图 10-16 所示的灯光属性参数。

图 10-16　灯光属性参数

灯光属性的参数在第 6 章中已经做过介绍，这里只把 3 种不同的灯光类型进行比较，如图 10-17 所示，依次是 Point Source(点光源)、Distance Source(远光照明)和 First Comp Light(合成图像中第一盏灯，要确认在合成图像中建立了灯光)的效果。

图 10-17　3 种灯光对比

5. Material(材质)

展开 Material(材质)扩展属性栏，可以看到如图 10-18 所示的材质属性参数。

图 10-18　材质属性参数

具体参数含义如下。

- Diffuse Reflection：设置漫反射强度。
- Specular Reflection：设置镜面反射强度。
- Highlight Sharpness：设置高光锐化程度。

10.3　Foam(气泡)特效

选择 Effect(效果)>Simulation(仿真)>Foam(气泡)特效，可以模拟自然界中的气泡、水珠等液体效果，此特效可以直接加给固态层，气泡属性参数如图 10-19 所示。

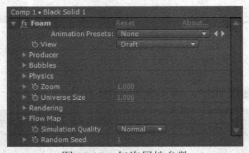

图 10-19　气泡属性参数

10.3.1　参数含义

1. View(视图)

用于设置气泡效果的显示形式。

- Draft：草稿显示方式，能够预览气泡的运动方式和设置状态，但不能看到气泡的最终效果。使用草稿显示方式计算速度比较快。
- Draft+Flow Map：草图+流动贴图显示方式，使用该方式可以看到指定的影响对象。
- Render：渲染方式，可以预览到气泡的最终效果，但计算速度比较慢。

2. Producer(气泡发射器)

该选项用于对气泡发射器的一些属性参数进行设置，展开 Producer(气泡发射器)扩展属性栏，可以看到如图 10-20 所示的属性参数。

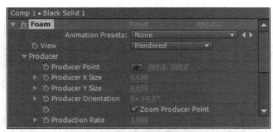

图 10-20 气泡发射器属性参数

具体参数含义如下。

- Producer Point：设置气泡发射器的位置。
- Producer X/Y Size：设置气泡发射器的大小。
- Producer Orientation：设置气泡发射器的旋转，使气泡产生旋转效果。
- Zoom Producer Point：勾选此项，可缩放发射器位置；不勾选此项，则系统以发射器效果点为中心缩放发射器。
- Producer Rate：设置气泡的发射速度。

3. Bubbles(气泡)

该选项可以对气泡粒子进行设置，展开 Bubbles(气泡)扩展属性栏，可以看到如图 10-21 所示的气泡属性参数。

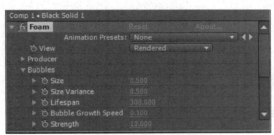

图 10-21 气泡属性参数

具体参数含义如下。

- Size：设置气泡粒子的大小，数值越大，气泡越大。
- Size Variance：设置气泡粒子的大小差异，数值越大，每个粒子的差异越大。
- Lifespan：设置气泡的生命力，数值越小，从气泡粒子产生到消亡的时间越短，生命力越弱。
- Bubble Growth Speed：设置气泡粒子生长的速度，即粒子从产生到最终大小的时间。
- Strength：设置影响粒子效果的强度。

4. Physics(物理属性)

该选项设置影响气泡粒子运动的因素。打开 Physics(物理属性)扩展属性栏，可以看到如图 10-22 所示的物理属性参数。

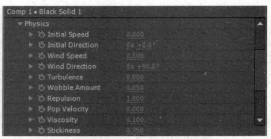

图 10-22　物理属性参数

具体参数含义如下。

- Initial Speed：设置气泡产生的初始速度。
- Initial Direction：设置气泡产生的初始方向。
- Wind Speed：设置影响气泡粒子的风速。
- Wind Direction：设置影响气泡粒子的风向。
- Turbulence：设置气泡粒子的随机程度，数值越大，气泡粒子运动越无序。
- Wobble Amount：设置气泡粒子的晃动值。
- Repulsion：设置气泡粒子之间产生的排斥力。
- Pop Velocity：设置气泡粒子的总速率。
- Viscosity：设置气泡粒子之间的黏度。
- Stickiness：设置气泡粒子之间的黏着性，和 Viscosity(黏度)一起控制粒子间的黏稠度，数值越小，粒子堆砌得越紧密。

5. Zoom(缩放)

该参数可对粒子效果进行缩放。

6. Universe Size(综合尺寸)

该选项设置气泡粒子效果的综合尺寸。

7. Rendering(渲染)

该选项控制气泡粒子的渲染属性，展开 Render(渲染)扩展属性栏，可以看到如图 10-23 所示的渲染属性参数。

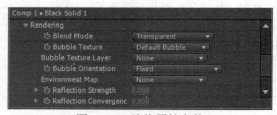

图 10-23　渲染属性参数

具体参数含义如下。

- Blend Mode：设置气泡之间的混合模式，包括 Transparent(透明叠加)、Solid Old on Top(旧气泡在新气泡之上)和 Solid New on Top(新气泡在旧气泡之上)。
- Bubble Texture：选择气泡粒子的纹理属性。除了系统提供的气泡纹理属性外，用户还可以指定合成图像中的一个图层作为气泡纹理，该层可以是静态的也可以是动态的。在 Bubble Texture(气泡纹理)中选择 Used Defined (用户自定义)，可以在下面的 Bubble Texture layer(气泡替换层)中选择需要设置为气泡纹理的图层。
- Bubble Texture Layer：设置气泡替换层，替换素材的大小由气泡的大小决定。
- Bubble Orientation：设置气泡的方向，可以是默认的 Fixed(固定的)，也可以是 Physics Orientation(物理定向)或 Bubble Velocity(气泡速率)。
- Environment Map：选择环境映射，即气泡粒子的反射层。
- Reflection Strength：设置反射强度。
- Reflection Convergence：设置反射的聚焦度。

8. Flow Map(流动映射)

该选项用于对流动贴图进行设置，展开 Flow Map(流动映射)扩展属性栏，可以看到如图 10-24 所示的流动映射属性参数。

图 10-24　流动映射属性参数

具体参数含义如下。

- Flow Map：选择影响气泡效果的图层。
- Flow Map Steepness：设置参考图对气泡的影响效果。
- Flow Map Fits：选择参考图的大小。
- Simulation Quality：选择气泡粒子的仿真质量。
- Random Seed：设置气泡粒子的随机种子数。

10.3.2　气泡特效操作

(1) 选择Composition(合成)>New Composition(新建合成)命令，弹出Composition Setting 对话框，设置Preset为PAL D1/DV，帧尺寸为 720×576，时间长度为 5 秒，单击OK按钮保存设置。

(2) 从项目窗口中调入花朵素材，并放入时间轴，关闭花朵层的显示眼睛。在时间轴窗口的空白区域单击鼠标右键，选择 New(新建)>Solid(固态层)命令，或者按快捷键 Ctrl+Y，新建任意颜色的固态层，添加 Effect(效果)>Simulation(仿真)>Foam(气泡)特效，在 View(视图)方式中选择 Draft(草图)预览，设置气泡 Producer(发射器)中 Producer X Size 为 0.04，Producer Y Size 为 0. 4，Producer Rate(发射速度)为 0.3，Bubbles(气泡)选项中气泡 Size(尺寸)为 1.2，Size Variance(尺寸差异)为 0.2，参数如图 10-25 所示。

(3) 设置 Physics(物理属性)中气泡 Initial Speed(初始速度)为 4，Initial Direction(初始方向)为 90°，Wind Speed(风速)设为 4，Wind Direction(风向)设为 0，Turbulence(随机数)设为 0，主要设置气泡向右侧飘，如图 10-26 所示。

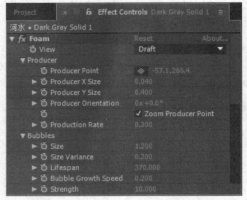 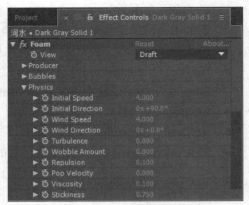

图 10-25　设置发射器和气泡的参数　　　　　图 10-26　设置气泡的物理属性

(4) 设置 Rendering(渲染)选项中的 Blend Mode(混合模式)为 Transparent(透明)，Bubble Texture(气泡纹理)类型中选择 Used Defined 自定义，Bubble Texture Layer(气泡的替换图层)中选择花朵，如图 10-27 所示，效果如图 10-28 所示。

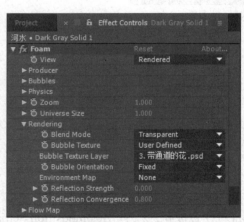 

图 10-27　设置渲染参数　　　　　　　　　图 10-28　气泡实际效果

(5) 选择气泡 Producer(发射器)中 Producer Point(发射器位置)，将其移出画面左侧，使花朵从左侧画面外飞向画面右侧，如图 10-29 所示。

(6) 选择固态层，选择 Edit(编辑)>Duplicate(副本)命令，或者按快捷键 Ctrl+D，复制一层气泡，展开 Foam 气泡特效，在 Rendering(渲染)选项中的 Bubble Texture(气泡纹理)类型中选择 Spit 选项，此时花朵飘进了气泡里，如图 10-30 所示。

图 10-29 气泡效果

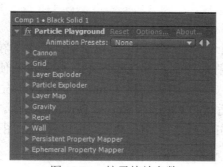

图 10-30 飘进气泡的花朵效果

10.4 Particle Playground(粒子运动)特效

选择 Effect(效果)>Simulation(仿真)>Particle Playground(粒子运动)特效，可以模拟现实世界中物体间的相互作用，其参数如图 10-31 所示。粒子特效是自带动画的，如图 10-32 所示。

图 10-31 粒子特效参数

图 10-32 粒子自带动画

10.4.1 参数含义

1. Cannon(佳能粒子发射器)

该选项主要用于设置佳能粒子发射器的一些属性参数，展开 Cannon(佳能粒子发射器)扩展属性栏，可以看到如图 10-33 所示的属性参数。

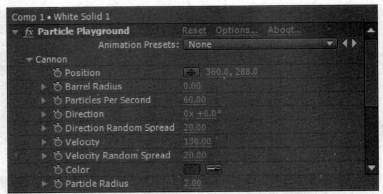

图 10-33　佳能粒子发射器属性参数

具体参数含义如下。

- Position：设置粒子发射器的中心点坐标位置。
- Barrel Radius：设置粒子发射器的柱体半径范围，数值越大，发射柱体半径越大，发射范围越广。
- Particles Per Second：设置每秒产生的粒子数，数值越高，密度越大，产生的粒子越多。
- Direction：设置粒子发射的方向。
- Direction Random Spread：设置每个粒子随机偏离的偏离量。
- Velocity：设置粒子的喷射速度。数值越大，喷射越强烈。
- Velocity Random Spread：设置粒子速率的随机值，数值越高，粒子变化速度越快。
- Color：设置粒子的颜色。
- Particle Radius：设置粒子本身的半径大小。

2. Gird(网格)

该选项在每个网格的节点处产生新粒子，用于产生一个均匀的粒子面，产生的粒子不存在速度问题，完全由重力、斥力墙和属性映射来控制。默认情况下，粒子特效使用由 Cannon(佳能粒子发射器)产生粒子，如果要使用 Gird，则需要将 Cannon(佳能粒子发射器)选项中的 Particle Per Second 设为 0，同时设置适当的 Particles Across/Down 的数值。默认情况下，由于重力打开，所以都向下运动。展开 Gird(网格)扩展属性栏，可以看到如图 10-34 所示的属性参数，调节参数效果如图 10-35 所示。

具体参数含义如下。

- Position：用于确定网格粒子发射中心的位置。
- Width：设置网格的宽度。
- Height：设置网格的高度。
- Particles Across：设置水平方向上产生的粒子数，默认的情况为 0，所以看不到粒子。
- Particles Down：设置垂直方向上产生的粒子数。
- Color：设置网格粒子的颜色。
- Particle Radius：设置网格粒子的半径。

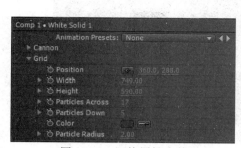

图 10-34　网格属性参数

图 10-35　网格效果

3. Layer Exploder(爆炸层)

该选项用于设置层爆破，从而将一个层分裂成为粒子。我们经常可以看到把一个画面粉碎成小块。展开 Layer Exploder(爆炸层)扩展属性栏，可以看到如图 10-36 所示的属性参数，调节参数效果如图 10-37 所示。

图 10-36　爆炸层参数

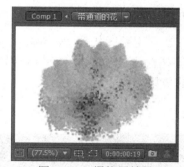

图 10-37　爆炸层效果

具体参数含义如下。

- Explode Layer：设置要爆炸产生粒子的图层。
- Radius of New Particles：为爆炸新产生的粒子设置半径大小。
- Velocity Dispersion：为爆炸新产生的粒子设置分散速度。

4. Particle Exploder(粒子爆炸)

该选项可以将一个粒子分裂成许多新粒子，可以用来模拟烟火和增加粒子数量。展开 Particle Exploder(粒子爆炸)扩展属性栏，可以看到如图 10-38 所示的属性参数。

具体参数含义如下。

- Radius of New Particles：设置爆炸后新产生粒子的半径。
- Velocity Dispersion：为爆炸新产生的粒子设置分散速度。
- Affects：设置哪些粒子受选项的影响。
- Particles from：在下拉菜单中选择粒子发射器。
- Selection Map：选择映射图层，决定在当前选项下影响哪些粒子。

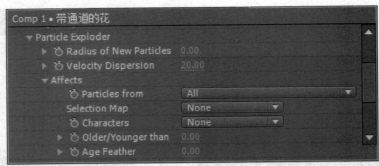

图 10-38　粒子爆炸参数

- Characters：决定在当前选项下影响哪些文本区域。
- Older/Younger than：指定年龄阈值，以秒为单位，指定正值影响旧粒子，指定负值影响新粒子。
- Age Feather：设置年龄羽化，在以秒为单位指定的时间范围内，所有旧或新粒子都被羽化，即产生一个逐渐过渡的变化效果。

5. Layer Map(层映射)

该选项用贴图代替由 Cannon、Gird 和 Layer/Particle Exploder 产生的粒子。展开 Layer Map(层映射)扩展属性栏，可以看到如图 10-39 所示的属性参数，例如用一只老鼠替换粒子，产生的效果如图 10-40 所示。

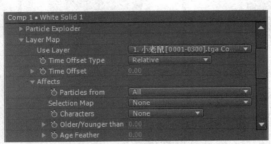

图 10-39　层映射属性参数

图 10-40　层映射效果

具体参数含义如下。

- Use Layer：指定作为映射的图层。
- Time Offset Type：设置时间位移类型，尤其对于映射图层是动态视频的素材，可以使每一层上的粒子产生不同的变化，选择从哪一帧开始播放产生粒子的映射层，不同粒子使用视频素材中不同的帧，这样可以得到更为真实的效果。类型有 Relative(相对方式)、Absolute(绝对方式)、Relative Random(相对随机方式)和 Absolute Random(绝对随机方式)4 种。由设定的时间位移影响从哪里开始播放动画。
- Time Offset：设置时间位移效果的参数。

- Affects：设置哪些粒子受选项的影响。参数与Particle Exploder(粒子爆炸)中的Affects属性相同。

6. Gravity(重力)

该选项用于设置粒子的重力场，展开 Gravity(重力)扩展属性栏，可以看到如图 10-41 所示的属性参数。

图 10-41　重力属性参数

具体参数含义如下。
- Force：设置重力的大小。
- Force Random Spread：设置重力影响的随机范围值。
- Direction：设置重力的方向。
- Affects：设置哪些粒子受选项的影响。参数与Particle Exploder(粒子爆炸)中的Affects属性相同。

7. Repel(排斥力)

该选项设置粒子之间的排斥力，展开 Repel(排斥力)扩展属性栏，可以看到如图 10-42 所示的属性参数。

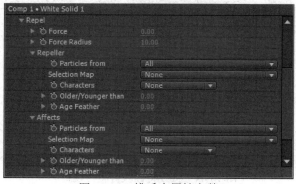

图 10-42　排斥力属性参数

具体参数含义如下。
- Force：设置排斥力的大小，可以避免粒子之间的碰撞，排斥力为正值时粒子向外扩散；排斥力为负值时，粒子相互吸引。
- Force Radius：设置粒子受到排斥或吸引的范围半径。

- Repeller：指定哪些粒子作为一个粒子子集的排斥源或吸引源，参数与 Particle Exploder(粒子爆炸)中的 Affects 属性相同。
- Affects：设置哪些粒子受选项的影响。参数与 Particle Exploder(粒子爆炸)中的 Affects 属性相同。

8. Wall(墙)

该选项用于设置粒子遇到墙时的属性变化，展开 Wall(墙)扩展属性栏，可以看到如图 10-43 所示的属性参数。

图 10-43　墙属性参数

具体参数含义如下。

- Boundary：选择封闭蒙版作为墙的边界。
- Affects：设置哪些粒子受选项的影响。参数与 Particle Exploder(粒子爆炸)中的 Affects 属性相同。

9. Persistent Property Mapper(持续特性映射)

该选项改变粒子属性为最近的值，直到另一运算修改了粒子。展开 Persistent Property Mapper(持续特性映射)扩展属性栏，可以看到如图 10-44 所示的属性参数。

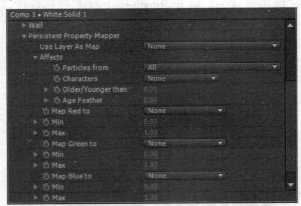

图 10-44　持续特性映射属性设置

具体参数含义如下。

- Use Layer As Map：选择一个图层作为影响粒子的层映射。
- Affects：设置哪些粒子受选项的影响。参数与 Particle Exploder(粒子爆炸)中的 Affects 属性相同。
- Map (Red/Green/Blue)to：用层映射的 RGB 通道控制粒子的属性。

- Min/Max：指定最小/最大变化范围。

10. Ephemeral Property Mapper(暂时属性映射器)

该选项在每一帧后恢复粒子属性为初始值，其中的子属性和上面持久的属性映射器相同。

10.4.2 用文本替换粒子

在粒子特效中，可以用文本替换默认的粒子，使粒子发射器发射文本字符，可以分别对 Cannon 和 Grid 指定发射文本。

1. 用文本替换 Cannon 粒子

在特效控制面板的上方，单击 Option(选项)，打开文本设置对话框，选择 Edit Cannon Text(编辑佳能粒子文本)，弹出如图 10-45 所示的对话框。

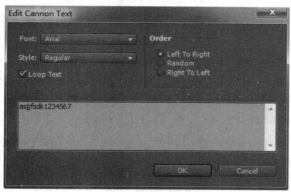

图 10-45　编辑佳能粒子文本

设置 Font(字体)、Style(风格)，勾选 Loop Text(文本循环)，设置粒子发射的 Order(顺序)，在文本框中输入字符或文字。

单击 OK 按钮确定，设置佳能粒子发射器的参数，效果如图 10-46 所示。

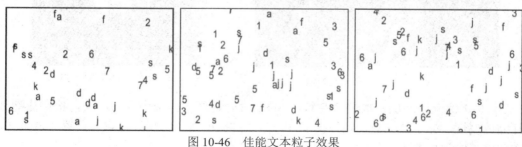

图 10-46　佳能文本粒子效果

2. 用文本替换 Grid 粒子

在特效控制面板的上方，单击 Option(选项)，打开文本设置对话框，选择 Edit Grid Text(编辑网格粒子文本)，设置 Font(字体)、Style(风格)，勾选 Loop Text(文本循环)，设置粒子发射的 Alignment(排列)，选择 Used Grid，在文本框中输入字符或文字。

单击 OK 按钮确定，设置 Grid 网格粒子发射器的参数，效果如图 10-47 所示。

0	1	2	3	4	5
6	7	8	9	0	1
2	3	4	5	6	7
8	9	0	1	2	3
4	5	6	7	8	9
0	1	2	3	4	5

图 10-47　网格文本粒子特效

10.4.3　粒子特效制作闪光的荧光

(1) 选择Composition(合成)>New Composition(新建合成)命令，弹出Composition Setting 对话框，命名为"荧光点"，设置Preset为PAL D1/DV，帧尺寸为 720×576，时间长度为 5 秒，单击OK按钮保存设置。

(2) 在时间轴窗口的空白区域单击鼠标右键，选择 New(新建)>Solid(固态层)命令，或者按快捷键 Ctrl+Y，新建一个黄色固态层，在工具栏中选择椭圆工具，按住 Shift 键，画出一个圆形 Mask，按快捷键 F 进行羽化，设置羽化值为 20。在时间轴窗口的空白区域单击鼠标右键，选择 New(新建)>Solid(固态层)命令，或者按快捷键 Ctrl+Y，新建一个白色固态层，在工具栏中选择椭圆工具，按住 Shift 键，画出一个圆形 Mask，放在黄色固态层上面，按快捷键 F 进行羽化，设置羽化值为 10，形成一个以白色为中心的黄色荧光点，如图 10-48 和图 10-49 所示。

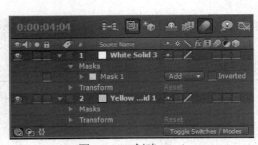

图 10-48　创建 Mask

图 10-49　形成荧光点

(3) 全选两个固态层，按快捷键 Ctrl+Shift+C 合并图层，选中合并图层，按快捷键 S，展开缩放属性，缩小荧光点，按快捷键 T，给不透明度设置关键帧，重复设置 100 和 0，制作荧光点的闪烁效果，如图 10-50 所示。

图 10-50　设置不透明度关键帧

(4) 选择 Composition(合成)>New Composition(新建合成)命令，或者按快捷键 Ctrl+N，新建一个合成图层，命名为"合成"，从项目窗口中拖入"荧光点"合成图层到时间轴窗口中，并关闭图层的眼睛开关，使其不显示。

(5) 在时间轴窗口的空白区域单击鼠标右键，选择 New(新建)>Solid(固态层)命令，或者按快捷键 Ctrl+Y，新建一个任意颜色的固态层。添加 Effect(效果)>Simulation(仿真)>Particle Playground(粒子)特效，展开 Cannon(佳能粒子发射器)，将粒子的 Position(中心点坐标)放在下方，将 Barrel Radius(粒子发射半径)范围调大，直至充满全屏，Particles Per Second(每秒产生的粒子)数量设为10，Direction Random Spread(方向随机值)设置为60，如图10-51所示。

图 10-51　佳能粒子发射器参数设置

(6) 展开 Layer Map(层映射)，在 Use Layer(使用图层)选项中，选择"荧光点"图层替换粒子，Time Offset Type(时间偏移类型)选择 Relative Random(相对随机)选项，Time Offset(时间偏移)先后顺序的时间差异值设为 1，展开 Gravity(重力)属性，将 Force 重力大小设置为 0，使荧光点不受重力影响，直接向上喷射，如图 10-52 所示。

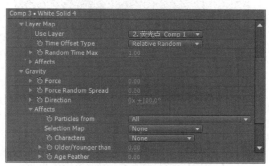

图 10-52　设置层映射和重力参数

(7) 合成预览窗口中可以看到实际效果如图 10-53 所示。

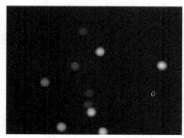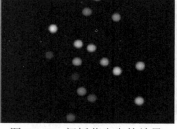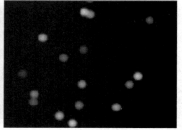

图 10-53　闪烁荧光点的效果

(8) 将夜景素材导入时间轴窗口中的最下方，可以模拟类似萤火虫的效果，如图 10-54 所示。

图 10-54　与夜景效果的合成

10.5　Shatter(爆炸)特效

选择 Effect(效果)>Simulation(仿真)>Shatter(爆炸)特效，可以模拟自然界中的爆炸场面，例如玻璃、拼图等几何图形，也可以对图像进行爆炸，产生碎片，参数如图 10-55 所示。

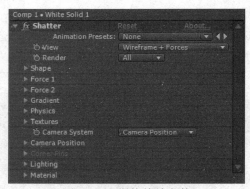

图 10-55　爆炸特效参数

10.5.1　参数含义

1. View(视图)

通过后面的扩展菜单，可以选择爆炸效果的显示形式。

- Rendered：渲染方式，可以预览到爆炸的最终效果，但计算速度比较慢。
- Wireframe Front View：线框图正面预览方式，以线框方式观察前视图的爆炸效果，计算速度比较快。
- Wireframe：线框方式查看爆炸效果，运算速度比较快。
- Wireframe Front View+Forces：线框图正面预览加力场显示。
- Wireframe +Forces：线框图加力场预览显示。

2. Render(渲染)

在预览方式中选择 Rendered(渲染)方式，可以通过该设置显示目标对象。

- All：显示全部。
- Layer：显示未爆炸的图层。
- Pieces：显示爆炸后的碎片。

3. Shape(形状)

该选项对爆炸产生的碎片形状进行设置，展开 Shape(形状)扩展属性栏，可以看到如图 10-56 所示的属性参数。

图 10-56 形状属性参数

具体参数含义如下。

- Pattern：在下拉列表中选择系统预置的碎片形状，如图 10-57 所示为几种碎片形状。

图 10-57 几种碎片形状

- Custom Shatter Map：当 Pattern(碎片形状)选择 Custom(自定义)时，可以在此选项中选择一个图层作为爆炸的形状图，如图 10-58 所示为选择两个不同的图层作为爆炸层的效果。

 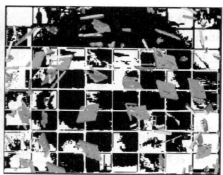

图 10-58 自定义爆炸

- White Tiles Fixed：勾选此项，表示使用白色平铺的适配功能。
- Repetitions：设置爆炸的碎片重复数量，值越大，产生的碎片越多。
- Direction：设置爆炸的角度。
- Origin：设置碎片裂纹的开始位置，可直接在合成窗口中移动控制点改变爆炸位置。
- Extrusion Depth：设置爆炸层及碎片的厚度，数值越大，碎片越厚。

4. Force1(爆炸点 1/2)

该选项用于设置产生爆炸的力，默认情况下只有一个力，可同时设置两个力场。需要调节力场的半径，设置两个力。展开 Force1(力场 1/2)扩展属性栏，可以看到如图 10-59 所示的属性参数。

图 10-59　力场属性参数

具体参数含义如下。
- Position：设置力的位置，即爆炸中心点坐标。
- Depth：设置力的深度。
- Radius：设置力的半径，参数越大，半径越大，目标层的受力面积越大。
- Strength：设置力的强度，数值越大，强度越大。当参数为正值时，碎片向外飞溅，当数值为 0 时，受重力影响会垂直落下，当数值为负时，碎片方向与正值相反。

5. Gradient(过渡层)

该选项指定一个渐变图层，影响爆炸效果，展开 Gradient(过渡层)扩展属性栏，可以看到如图 10-60 所示的属性参数。

图 10-60　过渡层属性参数

具体参数含义如下。
- Shatter Threshold：设置爆炸的进度值。
- Gradient Layer：指定一个过渡层作为爆炸渐变层，过渡层必须是黑白渐变的图层，爆炸的顺序是从白色爆炸到黑色。
- Invert Gradient：勾选此项，表示反转渐变层。

6. Physics(物理属性)

该选项设置碎片的物理属性，展开 Physics(物理属性)扩展属性栏，可以看到如图 10-61 所示的属性参数。

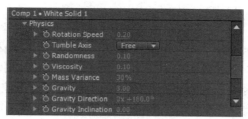

图 10-61　物理属性参数

具体参数含义如下。

- Rotation Speed：设置爆炸产生碎片的旋转速度，数值越大，旋转速度越快。
- Tumble Axis：设置爆炸后碎片的翻滚旋转方式，默认为 Free(自由)，碎片随机旋转，设置在相应的轴向上，碎片就会在相应的轴向上旋转。
- Randomness：设置碎片飞散的随机值，数值越大，飞散效果越凌乱。
- Viscosity：设置碎片的黏性，数值越大，碎片黏性越大，越容易聚集在一起。
- Mass Variance：控制爆炸碎片集中的百分比。
- Gravity：设置爆炸的重力值，模拟自然界中重力的影响。
- Gravity Directions：设置重力的方向。
- Gravity Inclination：为重力设置一个倾斜度。

7. Textures(纹理)

该选项对碎片的颜色和纹理贴图进行设置，展开 Textures(纹理)扩展属性栏，可以看到如图 10-62 所示的属性参数。

图 10-62　纹理属性参数

具体参数含义如下。

- Color：设置碎片的颜色，默认情况下，碎片使用当前图层为贴图，如果要使用设置的颜色，必须在 Front(前面)/Side(侧面)/Back(背面)Mode 的下拉列表中选择 Color(颜色)项。
- Opacity：设置碎片颜色的不透明度。
- Front(前面)/Side(侧面)/Back(背面)Mode：在下拉列表中分别设置爆炸前面、侧面和背面的模式。
- Front(前面)/Side(侧面)/Back(背面)Layer：在下拉列表中为前面、侧面和背面设置应用图层。

8. Camera System(摄像机系统)

摄像机系统中可以分别选择 3 种摄像机方式，分别激活它们相应的参数设置。

- Camera Position：在参数栏中设置摄像机运动的不同效果。
- Corner Pins：选择此项后，激活图层上的控制点，通过控制点，改变层形状。
- Comp Camera：选择此项后，Camera Position 和 Corner Pins 都不起作用，由合成图像中的摄像机进行控制。

9. Lighting(灯光)和 Material(材质)

这两个属性在三维空间部分都做过介绍，这里不再赘述。

10.5.2　爆炸文字实例

(1) 选择 Composition(合成)>New Composition(新建合成)命令，弹出 Composition Setting 对话框，命名为"文字"，设置 Preset 为 PAL D1/DV，帧尺寸为 720×576，时间长度为 5 秒，单击 OK 按钮保存设置。

(2) 选择工具栏中的文字工具，在合成预览窗口中输入文字，按快捷键 Ctrl+6 设置文字为白色黑体字，调整文字的大小在画面中间偏下。

(3) 选择文字图层，添加 Effect(效果)>Stylize(风格化)>Glow(眩光)特效，将 Glow Threshold(眩光阈值)设置为 45%，Glow Radius(眩光半径)设置为 35，Glow Intensity(眩光强度)设置为 1.5，设置 Glow Colors(眩光颜色)为 A & B color，设置 Color A 为黄色，Color B 为橙色，如图 10-63 所示，效果如图 10-64 所示。

图 10-63　设置眩光参数

图 10-64　文字效果

(4) 选择 Composition(合成)>New Composition(新建合成)命令，或者按快捷键 Ctrl+N，新建一个合成图像，命名为"爆炸"，设置 Preset 为 PAL D1/DV，帧尺寸为 720×576，时间长度为 5 秒，单击 OK 按钮保存设置。在时间轴窗口的空白区域单击鼠标右键，选择 New(新建)>Solid(固态层)命令，或者按快捷键 Ctrl+Y，新建一个任意颜色的固态层，命名为"背景"，选中固态层，单击鼠标右键，选择 Effect(效果)>Generate(生成)>Ramp(渐变)特效，将 Start Color(开始颜色)设置为黑色，End Color(结束颜色)设置为红色。

(5) 从项目窗口中拖曳"文字"图层到时间轴窗口中，放置在背景层的上面。

(6) 在时间轴窗口的空白区域单击鼠标右键，选择 New(新建)>Solid(固态层)命令，或者按快捷键 Ctrl+Y，新建一个任意颜色的固态层，命名为"过渡"。选中固态层单击右键，选择 Effect(效果)>Generate(生成)>Ramp(渐变)特效，调整两个中心点的坐标，颜色为左白右黑，选择过渡层，按快捷键 Ctrl+Shift+C 合并本图层，命名为"过渡合并"。关闭"过渡合并"层的眼睛开关，如图 10-65 所示。

图 10-65　时间轴上图层放置位置

(7) 选中"文字"图层，添加 Effect(效果)>Simulation(仿真)>Shatter(爆炸)特效，View(视图)方式设置为 Rendered(渲染)，Shape(形状)选项中碎片的 Pattern(类型)设置为 Stars & Triangles，Repetitions(碎片数量)设置为 60，展开 Force 1(爆炸点 1)，对爆炸的 Position(中心点坐标)设置关键帧，1 秒在文字开始爆炸的最前面，5 秒在最后面(前 1 秒不设是为让观众看清文字)，如图 10-66 所示。

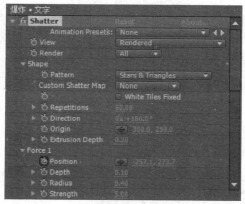

图 10-66　设置形状和爆炸点的参数

(8) 展开 Gradient(过渡层)，在 Gradient Layer(过渡层)选项中，选择"过渡合并"图层，并对 Shatter Threshold(爆炸进度)设置关键帧，1 秒为 0，5 秒为 100。展开 Physics(物理)属性，给 Gravity(重力)设置关键帧，1 秒为 2，5 秒为 5，给 Gravity Direction(重力方向)设置关键帧，1 秒为 0，5 秒为 180，如图 10-67 所示，效果如图 10-68 所示。

(9) 在时间轴窗口的空白区域单击鼠标右键，选择 New(新建)>Solid(固态层)命令，或者按快捷键 Ctrl+Y，新建一个纯黑色固态层，为固态层添加 Effect(效果)>Knoll>Lens Flare Pro 镜头光晕特效，对 Light Source Location(灯光的中心点坐标)设置关键帧，1 秒在第一个字上，5 秒在最后一个字上，按快捷键 F4，调出合成模式，将合成模式设置为 Screen(屏幕模式)去掉黑背景，提高画面的亮度，如图 10-69 所示。

图 10-67　设置过渡层属性和物理属性

图 10-68　爆炸效果

图 10-69　设置镜头光晕特效

(10) 选中灯光层，在 1 秒的位置将灯光的入点裁切掉，按快捷键 T，打开不透明度属性，设置灯光不透明度关键帧，做淡入淡出分别为(0，100，100，0)，如图 10-70 所示。

图 10-70　设置灯光关键帧

(11) 选中文字层，添加 Effect(效果)>Trapcode>Shine(高光)特效，改变高光的 Ray Length(光线长度)和 Boost Light(亮度)，展开 Pre-Process(预设)，勾选使用 Use Mask，对 Mask 的 Mask Point(半径)设置关键帧，1 秒为 0，5 秒为 260。对 Source Point(中心点)坐标设置关键帧，1 秒中心点坐标在第一个字上，5 秒中心点坐标在最后一个字上，设置 Transfer

Mode(叠加模式)为Overlay，如图 10-71 所示。

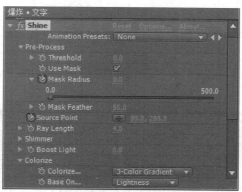

图 10-71　设置高光效果

(12) 在合成窗口中预览效果，如图 10-72 所示。

图 10-72　爆炸文字效果

10.6　Wave World(水波纹)特效

选择 Effect(效果)>Simulation(仿真)>Wave World(水波纹)特效，可以创造各种液体波纹的效果，其参数如图 10-73 所示。Wave World(水波纹)是自带动画的，能够产生一个灰度位移图，为其应用 Caustics 等特效产生更加真实的水波纹效果。

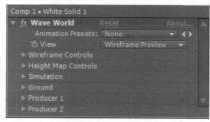

图 10-73　水波纹参数

10.6.1　参数含义

1. View(视图)

用于设置水波纹效果的显示形式。

- Height Map：高度贴图显示形式，能够预览水波纹最终的灰度位移图，但计算速度比较慢。
- Wireframe Preview：线框图预览显示形式，使用该方式以线框方式显示效果，计算速度比较快。

如图 10-74 所示分别是 Height Map(高度贴图)和 Wireframe Preview(线框图预览)两种显示方式对比。

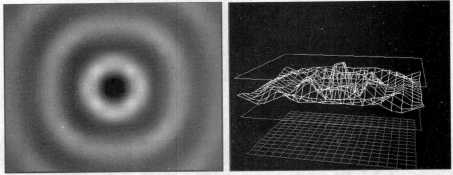

图 10-74　两种显示方式对比

2. Wireframe Controls(线框控制)

该选项设置水平和垂直旋转线框视图，展开 Wireframe Controls(线框控制)扩展属性栏，可以看到如图 10-75 所示的属性参数。

图 10-75　线框控制参数

具体参数含义如下。

- Horizontal /Vertical Rotation：设置水平或垂直旋转线框视图。
- Vertical Scale：设置垂直缩放线框距离。

3. Height Map Controls(灰度图控制)

该选项对灰度位移图进行控制，展开 Height Map Controls(灰度图控制)扩展属性栏，可以看到如图 10-76 所示的属性参数。

图 10-76　灰度图控制参数

具体参数含义如下。

- Brightness：控制灰度位移图的亮度，数值越高，位移图越亮。
- Contrast：控制灰度位移图的对比度，数值越高，对比度越强。
- Gamma Adjustment：调节伽马值，可以控制位移图的中间色调。
- Render Dry Areas As：设置位移图中的采光区域，Solid 方式下，以灰度纯色进行渲染，Transparent 以透明方式渲染图像。
- Transparency：设置不透明度数值，数值越高，不透明区域越大。

4. Simulation(模拟)

该选项对特效的模拟性质进行相关设置，展开 Simulation(模拟)扩展属性栏，可以看到如图 10-77 所示的属性参数。

图 10-77　模拟参数

具体参数含义如下。

- Grid Resolution：设置灰度图的网格分辨率，数值越高，产生的细节越多，波纹越平滑。
- Wave Speed：设置波纹速度，速度低波纹扩散慢，产生碎波纹；速度高得到较快的波纹扩展，产生大波浪。
- Damping：设置波纹遇到的阻尼，较高的数值使阻尼增大，导致波纹扩展困难。
- Reflect Edges：设置波纹的反射边缘。
- Pre-roll(seconds)：以秒为单位对图像滚动进行调整。

5. Ground(地面)

该选项可对波纹基线进行调整，展开 Ground(地面)扩展属性栏，可以看到如图 10-78 所示的属性参数。

图 10-78　地面参数

具体参数含义如下。

- Ground：在下拉列表中可以指定合成图像中的一个层作为波纹基线层，利用该层的明度影响最终波纹效果。
- Steepness：设置指定层对基线的影响程度，数值越高，受的影响越强。

237

- Height：设置地面与波形层的距离，即控制基线层的高度，数值越小，波纹受其影响越强。
- Wave Strength：设置波形强度，数值越大，强度越强。

6. Producer 1/2(波纹发生器)

该选项可设置波纹发生器，展开 Producer 1/2(波纹发生器)扩展属性栏，可以看到如图 10-79 所示的属性参数。

图 10-79　波纹发生器参数

具体参数含义如下。

- Type：在下拉列表中可以对波纹发生器的类型进行设置，Ring 产生环状波纹，Line产生线性扩展平行波。
- Position：设置波纹发生器的位置，可以分别设置 Producer 1/2 的位置，使波纹产生叠加效果。
- Height/Length：调节波纹的长、高设置。
- Width：设置波纹的宽度。当 Height/Length(长、高)和 Width(宽)参数相同时，可以产生从圆心向外扩展的涟漪效果。
- Angle：设置波纹发生器的角度，当 Height/Length(长、高)和 Width(宽)参数不相同时，调整角度可以看到明显的效果变化。
- Amplitude：设置波纹的幅度。
- Frequency：设置波纹的扩展频率。
- Phase：设置波纹的相位。

10.6.2　制作水波纹效果

下面来制作一个水波纹效果的实例，具体操作如下。

(1) 选择 Composition(合成)>New Composition(新建合成)命令，弹出 Composition Setting 对话框，命名为"Displace"，设置 Preset 为 PAL D1/DV，帧尺寸为 720×576，时间长度为 10 秒，单击 OK 按钮保存设置。

(2) 在时间轴窗口的空白区域单击鼠标右键，选择New(新建)>Solid(固态层)命令，或者按快捷键Ctrl+Y，新建一个黑色固态层，添加Effect(效果)>Simulation(仿真)>Wave World(水波纹)特效，设定View方式为Height Map，设定Simulation(模拟)下的Wave Speed(波纹速度)为 0.72，Damping(阻尼)为 0.01，Pre-roll(预卷)为 0.36，调整好波形。将时间指针移至 7 秒位置，设定Producer1 选项下的Type为Line，Position在最左侧，设定Height/Length(长

/高)参数为 0.13，Width(宽度)为 0.4，Angle(角度)为 90，Amplitude(幅度)为 1.2，Frequency(频率)为 1.6，分别设置关键帧，使波从左侧向右侧延伸，在 10 秒结束位置，各参数设置关键帧为 0，使水波从生成到结束有个过程，如图 10-80 所示，效果如图 10-81 所示。

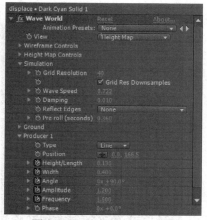

图 10-80　设置水波纹参数

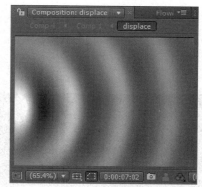

图 10-81　水波纹效果

(3) 选择 Composition(合成)>New Composition(新建合成)命令，或者按快捷键 Ctrl+N，新建合成图像，将"displace"合成图层放入新建合成图像的时间轴中。

(4) 在时间轴窗口的空白区域单击鼠标右键，选择 New(新建)>Solid(固态层)命令，或者按快捷键 Ctrl+Y，新建两个固态层，选定颜色为湖蓝色，分别命名为"文字"和"水波"，如图 10-82 所示。

图 10-82　新建固态层

(5) 在"文字"图层上添加 Effect(效果)>Obsolete(旧版本)>Basic Text(基本文本)特效，在弹出的对话框中设置 Font(字体)，在文本框中编辑文字"清凉水世界"，单击 OK 按钮确定。在特效控制面板中设置字体的尺寸大小，如图 10-83 所示，效果如图 10-84 所示。

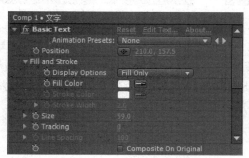

图 10-83　添加文字特效设置

图 10-84　文字效果

(6) 导入天空文件到时间轴窗口中。在"水波"图层添加 Effect(效果)>Simulate(仿真)>Caustics(焦散)特效，将 Bottom(底部)设置为"文字"固态层，Water 选项中 Water Surface 选取底层的"displace"图层，Sky 选项中 Sky 设置为天空文件，如图 10-85 所示，效果如图 10-86 所示。

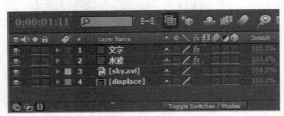

图 10-85　添加天空文件　　　　　图 10-86　设置焦散特效后的效果

(7) 选择"文字"固态层，添加 Effect(效果)>Distort(扭曲)>Displace Map(替换贴图)特效，将 Displacement Map layer(替换贴图层)选取为底层的"displace"水波纹合成图层，如图 10-87 所示，效果如图 10-88 所示。

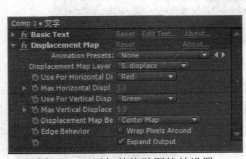

图 10-87　添加替换贴图特效设置　　　图 10-88　设置替换贴图的效果

(8) 导入"带通道的花"，并将其拖曳到时间轴窗口的最上方。打开图层的 3D 开关，按快捷键 P+Shift+R，同时展开位移和旋转属性，设置关键帧运动轨迹如图 10-89 所示。添加 Effect(效果)>Perspective(透视)>Radial Shadow(径向阴影)特效，为花朵添加阴影效果，设置 Opacity(不透明度)为 40，如图 10-90 所示。

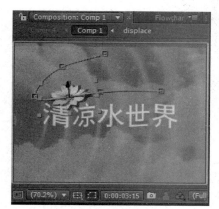

图 10-89　设置运动轨迹

图 10-90　添加阴影效果设置

(9) 合成预览窗口的效果如图 10-91 所示。

图 10-91　实际效果

读书笔记

第 11 章

渲 染 输 出

当完成了整个合成的特效制作，且对最终效果满意后，需要将完成的合成图像输出为影像格式的视音频文件，以便于保存、移动、播放。渲染输出时，可以将合成图像输出为视音频文件和序列文件等。下面结合实例讲解 After Effects 的渲染输出。

11.1 渲染输出操作

选择 Composition(合成)>Make Movie(输出影片)命令，可以打开 Render Queue(渲染序列)窗口，如图 11-1 所示。渲染序列窗口可以控制整个合成图像的渲染进程，整理各个合成图像的渲染顺序，设置渲染输出影片的格式、图像质量和输出路径等。

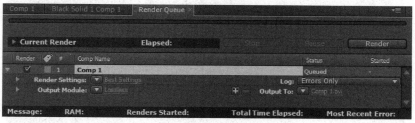

图 11-1　渲染序列

11.1.1 渲染设置对话框

选择 Render Setting(渲染设置)后的 Best Setting(最佳设置)，可以弹出如图 11-2 所示的对话框。

具体参数含义如下。

1. Composition "Comp1" (合成图像 "Comp1")

用于对合成图像输出的一些参数进行设置。

● Quality：设置影片的渲染质量。

- Resolution：设置影片的渲染分辨率。
- Size：设置影片的渲染尺寸。
- Disk Cache：设置渲染的磁盘缓存。
- Use OpenGL Renderer：勾选此项，表示使用 OpenGL 渲染。
- Proxy Use：选择渲染时是否使用代理。
- Effects：设置渲染时是否渲染效果。
- Solo Switches：设置是否渲染独奏层。
- Guide Layers：设置是否渲染引导层。
- Color Depth：设置渲染项目中的颜色深度。

2. Time Sampling(时间取样)

- Frame Blending：设置渲染项目中所有层之间的帧融合。
- Field Render：设置渲染时的场模式。
- 3:2 Pulldown：当设置场优先之后，在下拉列表中选择场的变换方式。
- Motion Blur：设置运动模糊方式。
- Time Span：设置渲染项目的时间范围。
- Frame Rate：设置渲染项目的帧速率。

3. Options(选项)

Use storage overflow：勾选此项，表示在渲染时系统出现磁盘溢出时继续渲染完成。

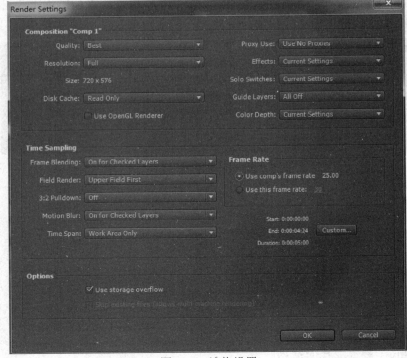

图 11-2　渲染设置

11.1.2　输出模块

选择 Output Module(输出模块)后的 Lossless(无损)，可以弹出如图 11-3 所示的对话框。

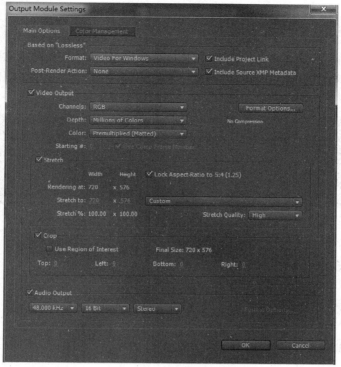

图 11-3　输出模块设置

1. Based on "Lossless" (基于无损输出)

主要在 Format(格式)的下拉列表中选择渲染输出的视频文件格式，选择不同的视频输出文件格式，会对应不同的视频文件设置。

2. Video Output(视频输出)

- Channels：设置渲染输出影片的通道，文件格式和使用的编码器不同，输出的通道也不相同。
- Depth：设置渲染输出影片的颜色深度。
- Color：设置产生 Alpha 通道的类型。

3. Stretch(伸展)

用户可以在伸展选项中对视频格式文件的尺寸进行设置，也可以在 Custom(自定义)下拉列表中选择常用的影片格式，由源合成图像尺寸伸展到设定的影片文件尺寸。

4. Crop (裁切)

裁切用于设置在渲染输出影片时裁切边缘像素。

5. Audio Output(音频输出)

在下拉列表中选择音频的采样频率、量化比特和声道。

11.1.3 渲染输出

单击 Output To(输出到)后的文件名称，可以弹出设置输出影片的存储路径。

一切渲染设置结束后，就可以直接单击 Render(渲染)进行影片的输出，如图 11-4 显示渲染的进度。

图 11-4　显示渲染进度

11.2　渲染输出常见格式

下面介绍几种比较典型的渲染输出格式。

11.2.1 标准视频输出

(1) 选择要渲染输出的合成图像，选择 Composition(合成)>Make Movie(输出影片)命令，设置输出影片存储路径和输出文件名称，单击 OK 按钮确定，打开 Render Queue(渲染序列)窗口。

(2) 选择 Output Module(输出模块)后的 Lossless(无损)，打开输出模块设置对话框，默认系统设置，勾选 Audio Output(音频输出)，单击 OK 按钮确定。

(3) 直接单击 Render(渲染)进行影片的输出，可以输出".avi"文件。

11.2.2 渲染输出序列文件

(1) 选择要渲染输出的合成图像，选择 Composition(合成)>Make Movie(输出影片)命令，设置输出影片的存储路径和输出的文件名称，单击 OK 按钮确定，打开 Render Queue(渲染序列)窗口。

(2) 选择 Output Module(输出模块)后的 Lossless(无损)，打开输出模块设置对话框，在 Format 下拉列表中选择 Targa Sequence(tga 序列)，对其他参数选择默认设置，勾选 Audio Output(音频输出)，单击 OK 按钮确定。

(3) 直接选择 Render(渲染)进行影片的输出，可以输出".tga"序列文件。输出时一定注意将序列文件单独存在一个文件夹中，因为序列文件生成的是一帧帧图像，有多少帧画面，就会生成多少单帧文件，如图 11-5 所示。

图 11-5　序列文件

11.2.3　渲染输出为 DVD 格式

如果想要将影片输出为 DVD 格式，可以打开 Output Module Setting(输出模块设置)对话框，在 Format 下拉列表中选择 MPEG2(.mpg)或者 MPEG2-DVD(.m2v)格式输出，After Effects 将提供更专业的视频输出格式，如图 11-6 所示为 MPEG2 和 MPEG2-DVD 的格式输出设置。

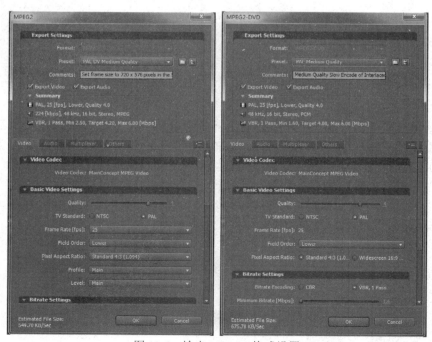

图 11-6　输出 MPEG2 格式设置

After Effects 甚至可以输出 MPEG2 Blue-Ray(蓝光)格式, 此外, 还有许多专业的视频格式输出, 如 H.264、F4v, Windows Media 和 QuickTime 等多种视频的输出格式。

11.3 第三方渲染输出

选择 Composition(合成)>Make Movie(输出影片)命令输出的视频文件都不带 Alpha 通道。而利用 After Effects 后期特效合成软件所创作的视频效果, 有相当一部分需要导入其他后期编辑软件中作为一段素材使用。因此, 输出能够带 Alpha 通道的素材, 就显得比较重要。

11.3.1 渲染输出步骤

(1) 选择要渲染输出的合成图像, 选择 File(文件)>Export(输出)命令, 弹出如图 11-7 所示的子菜单, 选择图像序列, 弹出如图 11-8 所示的对话框。

图 11-7 选择图像序列　　　　　　图 11-8 设置图像序列

(2) 选择对话框中的格式, 弹出如图 11-9 所示的菜单, 选择 TGA 格式。这里强调一点, 并不是所有的图片序列都含有 Alpha 通道, 只有 Photoshop、TGA 和 TIFF 等含有 Alpha 通道, 因此, 如果要输出带 Alpha 通道的图像序列文件, 只能选择这几种格式。

(3) 在"每秒帧数"文本框中输入帧速率为 25, 勾选"在数字前插入空格"选项, 单击"确定"按钮为序列文件指定一个保存的路径和名称, 确定后, 弹出如图 11-10 所示的渲染进度条。

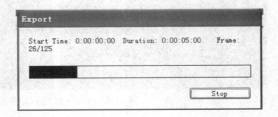

图 11-9　选择序列格式　　　　　　图 11-10　渲染进度条

(4) 渲染输出后的序列图像文件就带有 Alpha 通道，如图 11-11 所示。

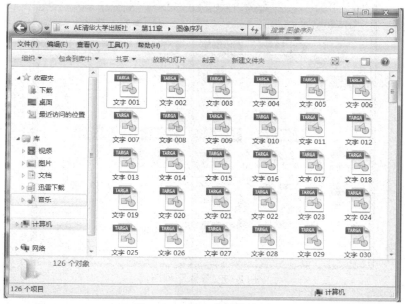

图 11-11　输出的图像序列

11.3.2　与其他编辑软件合成

(1) 启动 Premiere Pro CC，进入工作界面，编辑视频文件，如图 11-12 所示。

图 11-12　Premiere 工作界面

(2) 在项目窗口的空白区域双击，弹出"导入"对话框，选择图像序列文件，勾选"序列图像"选项，如图 11-13 所示。

图 11-13　导入序列图像

(3) 单击"打开"按钮，将序列图像导入时间轴窗口的合适位置，预览效果如图 11-14 所示。

图 11-14　导入文字序列图像到时间轴窗口

(4) 文字被导入 Premiere Pro 后，其自身带有 Alpha 通道，这样可以使背景透明，露出背景的素材画面，如图 11-15 所示。

图 11-15　带 Alpha 通道的视频画面叠加

第 **12** 章

综合实例

After Effects 由于其强大的特效功能被广泛地应用于影视后期合成中。本章主要通过几个实例，运用 After Effects 的各项具体功能，设计制作特殊效果应用于影视中。

12.1 烟雾字

(1) 启动 After Effects CC 软件，选择 Composition(合成)>New Composition(新建合成)命令，弹出 Composition Setting 对话框，命名为"蒙版"，设置 Preset 为 PAL D1/DV，帧尺寸为 720×576，时间长度为 5 秒，单击 OK 按钮保存设置。

(2) 在时间轴窗口的空白区域单击鼠标右键，选择 New(新建)>Solid(固态层)命令，或者按快捷键 Ctrl+Y，新建一个任意颜色的固态层。选择固态层，单击鼠标右键，添加 Effect(效果)>Noise & Grain(噪波与增益)>Fractal Noise(分形噪波)特效，Fractal Type(分形类型)选择 Basic，Noise Type(噪波类型)选择 Soft Linear，设置 Contrast(对比度)为 150、Complexity(复杂度)为 3.0，对 Evolution(生长度)设置关键帧 0 秒为 0，5 秒为 2 圈，如图 12-1 所示，效果如图 12-2 所示。

图 12-1 设置分形噪波参数

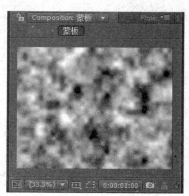

图 12-2 设置参数后效果

(3) 选择固态层，在中心点画椭圆形 Mask，按快捷键 F，调大羽化值为(180，150)。按快捷键 P，展开位移属性，在 0 秒时设置位移关键帧为(240，280)，4 秒时设置位移关键帧为(920，280)，如图 12-3 所示，让画面从左到右运动，如图 12-4 所示。

图 12-3　关键帧设置

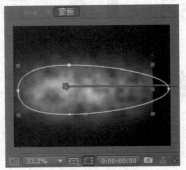

图 12-4　固态层运动轨迹

(4) 选择 Composition(合成)>New Composition(新建合成)命令，或者按快捷键 Ctrl+N，新建一个合成图像，命名为"text"，设置 Preset 为 PAL D1/DV，帧尺寸为 720×576，时间长度为 5 秒，单击 OK 按钮保存设置。

(5) 在时间轴窗口的空白区域单击鼠标右键，选择 New(新建)>Solid(固态层)命令，或者按快捷键 Ctrl+Y，新建一个任意颜色的固态层，添加 Effect(效果)>Obsolete(旧版本)>Basic Text(基本文本)特效，在弹出的对话框中设置 Font(字体)，在文本框中编辑文字"如烟似雾"，单击 OK 按钮确定。在特效控制面板中设置字体的大小，如图 12-5 和图 12-6 所示。

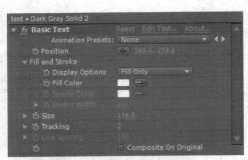

图 12-5　添加文字特效设置

图 12-6　文字效果

(6) 按快捷键 T，展开不透明度关键帧，将时间指针移到 20 帧处，设置不透明度关键帧为 0，将时间指针移到 2 秒 13 帧位置，设置不透明度关键帧为 100。

(7) 选择 Composition(合成)>New Composition(新建合成)命令，或者按快捷键 Ctrl+N，新建一个合成图像，命名为"Final"，设置 Preset 为 PAL D1/DV，帧尺寸为 720×576，时间长度为 5 秒，单击 OK 按钮保存设置。

(8) 将"蒙版"和"text"合成图层都拖放到时间轴上，关闭蒙版图层显示，选择"text"图层，添加 Effect(效果)>Blur & Sharpen(模糊与锐化)>Compound Blur(复合模糊)特效，选择 Blur Layer(模糊层)为"蒙版"，调大 Maximum Blur(模糊值)为 60，如图 12-7 所示。

图 12-7　设置复合模糊参数

(9) 选择"text"图层，添加 Effect(效果)>Distort(扭曲)>Displacement Map(替换图层)特效，选择 Displacement Map Layer(替换层)为"蒙版"，设置 Use For Horizontal Displacement(水平替换)为 Luminance(亮度)，设置 Use For Vertical Displacement(垂直替换)为 Luminance(亮度)，设置 Max Horizontal Displacement(最大水平替换)和 Max Vertical Displacement(最大垂直替换)分别为 100，如图 12-8 所示。

图 12-8　设置替换图层参数

(10) 选择"text"图层，添加 Effect(效果)>Stylize(风格化)>Glow(眩光)特效，将 Glow Threshold(眩光阈值)设置为 45%，Glow Radius(眩光半径)设置为 35，Glow Intensity(眩光强度)设置为 1.5，设置 Glow Colors(眩光颜色)为 A & B Colors，设置 Color A 为白色、Color B 为黑色，如图 12-9 所示。

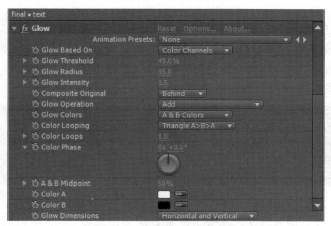

图 12-9　设置眩光效果参数

(11) 在合成窗口中预览效果，如图 12-10 所示。

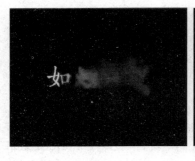

图 12-10　飘缈字效果

12.2　水墨效果

12.2.1　创建"龙"字手写体

(1) 启动 After Effects CC 软件，选择 Composition(合成)>New Composition(新建合成)命令，弹出 Composition Setting 对话框，命名为"手写龙"，设置 Preset 为 PAL D1/DV，帧尺寸为 720×576，时间长度为 10 秒，单击 OK 按钮保存设置。

(2) 在合成窗口中的空白区域单击鼠标右键，选择新建白色固态层。导入"草书龙.psd"文件，排在白色固态层的上面，如图 12-11 所示。

图 12-11　导入素材

(3) 选择"白色固态层"和"草书龙"图层，按快捷键 Ctrl+Shift+C，合成图层并且命名为"龙字"。选择 Edit(编辑)>Duplicate(复制)命令，复制"龙字"合成图层，文字有几笔，就复制几层，移动合成图层呈阶梯状排列，如图 12-12 所示。在合成窗口中的空白区域单击鼠标右键，选择新建白色固态层，放置在合成窗口的最下方。

图 12-12　排列图层

(4) 打开第一层的独奏开关，给第一笔画封闭遮罩画Mask1，特别注意链接部分的精准度，然后按照笔画顺序画开放遮罩Mask2。给第一层添加Effect(效果)>Generate(生成)>Stroke(描边)特效，将Path路径设置为按照笔画顺序绘制的Mask2，设置End(结束点)关键帧，开始位置为0，结束位置为100%，调大Brush Size的值，使其能够将笔画完全显示出来，如图 12-13 所示。

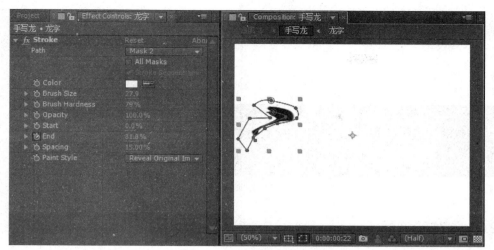

图 12-13　绘制文字笔画

(5) 关闭第一层的独奏开光,打开第二层的独奏开关,给第二层添加描边特效,用同样的方法写第二笔。如此重复,直至草书龙完成,绘制结束,如图 12-14 所示。

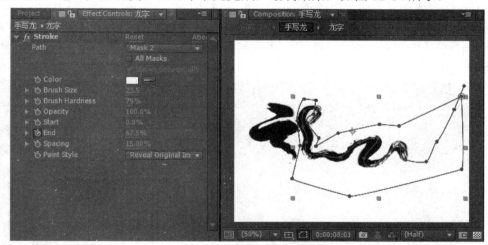

图 12-14　绘制草书龙的手写效果

12.2.2　制作流动线

(1) 选择Composition(合成)>New Composition(新建合成)命令,弹出Composition Setting对话框,命名为"流动线",设置Preset为PAL D1/DV,帧尺寸为 720×576,时间长度为 10秒,单击OK按钮保存设置。

(2) 在合成窗口中的空白区域单击右键,选择新建黑色固态层,导入手写龙合成图层,放在黑色固态层的下面。选择黑色固态层,沿着草书龙笔画绘制封闭 Mask,从开始位置设置 Mask Shape(遮罩形状)关键帧,使其能够按照笔画进行运动,如图 12-15 所示。

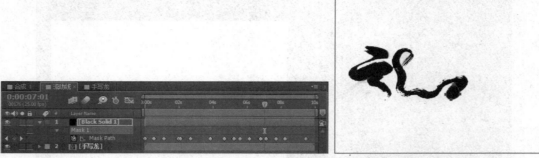

图 12-15　绘制遮罩路径

12.2.3　制作噪波层

(1) 选择 Composition(合成)>New Composition(新建合成)命令，弹出 Composition Setting 对话框，命名为"噪波层"，设置 Preset 为 PAL D1/DV，帧尺寸为 720×576，时间长度为 10 秒，单击 OK 按钮保存设置。

(2) 在合成窗口中的空白区域单击右键，选择新建黑色固态层，添加 Effect(效果)>Noise & Grain(噪波与颗粒)>Turbulent Noise (紊乱杂波)特效，设置 Fractal Type 为 Basic、Noise Type 为 Soft Linear、Contrast 为 600、Brightness 为 0、Scale 为 30、Evolution 为 50，如图 12-16 所示。

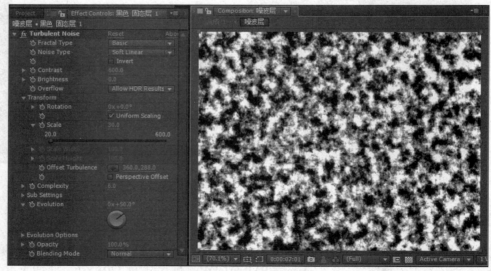

图 12-16　制作噪波层

12.2.4　制作水墨龙效果

(1) 选择 Composition(合成)>New Composition(新建合成)命令，弹出 Composition Setting 对话框，命名为"最后合成"，设置 Preset 为 PAL D1/DV，帧尺寸为 720×576，时间长度为 10 秒，单击 OK 按钮保存设置。

(2) 右键单击合成窗口中的空白区域，选择新建白色固态层，添加 Effect(效果)>Generate(生成)>Ramp(渐变)特效，设置开始颜色为白色，设置结束点颜色为灰色(R：126、G：126、B：126)。将"手写龙"、"流动线"、"噪波层"分别拖放至白色固态层的上方，设置"手写龙"图层的混合模式为 Multiply(正片叠底)，关掉噪波层的眼睛显示，右键单击合成窗口中的空白区域，选择新建黑色固态层，放置在合成窗口的上方，如图 12-17 所示。

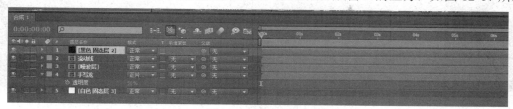

图 12-17 放置图层

(3) 选择黑色固态层，添加 Effect(效果)>Jewset>Turbulence 2D(流体 2D)特效。流体 2D 特效是一款模拟各类流体的插件，能够产生出如烟雾、水墨、火焰等特殊效果，需要先安装插件之后，才可以使用。

(4) 设置流体 2D 特效参数，Source Control(源像控制)选项中设置 Fuel(燃料)层为"流动线"，Divergence Layer(分叉)层为"噪波层"。在 Simulation Parameters(模拟参数)中设置 Time Scale(时间缩放)为 8、Density Dissipation(密度消散)为 10、Burn Rate(燃烧级别)为 50、Expansion(扩散)为 3、Heat Creation(热能创建)为 0、Soot Creation(烟煤创建)为 200、Cooling(冷却)为 400、Gravity(重力)为-10、Buoyancy(浮力)为 3、Heat Diffusion(热能传导)为 20、Vorticity(涡轮状)为 0，渲染参数中设置(Alpha Falloff)Alpha 散焦为 1，颜色设置为黑色，如图 12-18 所示。

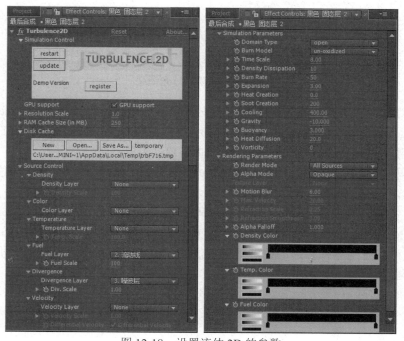

图 12-18 设置流体 2D 的参数

(5) 选择 Simulation Control(模拟控制)中的更新，进行运算渲染，观看水墨的效果，根据需要可以对参数进行适当的调整，设置"草书龙"图层的不透明度为 50，预览效果，输出水墨龙效果，如图 12-19 所示。

图 12-19　实际效果

12.3　粒子光带

(1) 选择 Composition(合成)>New Composition(新建合成)命令，弹出 Composition Setting 对话框，命名为"粒子光带"，设置 Preset 为 PAL D1/DV，帧尺寸为 720×576，时间长度为 10 秒，单击 OK 按钮保存设置。

(2) 在空白区域单击右键，选择新建灯光，如图 12-20 所示。

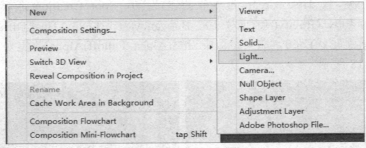

图 12-20　新建灯光图层

(3) 对灯光参数进行设置，命名为"发射器"或"Emitter"(如果 Particular 已经汉化，可以命名为"发射器"，如果是英文版本，命名为"Emitter")，Light Type(灯光类型)选择 Spot(聚光灯)，Intensity(强度)设置为 40%，如图 12-21 所示。

(4) 展开 Transform(变换)，选择 Position(位移属性)，设置位移属性，按住 Alt+🕐，设置表达式为"Wiggle(1,400)"，如图 12-22 所示。

(5) 在空白区域单击右键，选择新建固态层，命名为"粒子层"，添加 Effect(效果)>Trapcode>Particular(粒子)特效。Trapcode Particular 是 Adobe After Effects 的一个 3D 粒子系统，它可以产生各种各样的自然效果，像烟、火、闪光，也可以产生有机的和高科技风格的图形效果，对于运动的图形设计非常实用，需要进行单独安装之后，才能使用其功能。

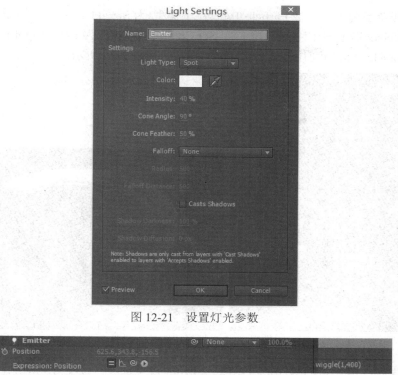

图 12-21　设置灯光参数

图 12-22　设置位移表达式

(6) 设置 Particular(粒子)特效的参数。将 Emitter Type(发射类型)选择为 Light(s)(灯光)，其余所有参数设置为 0，提高每秒的粒子数量为 700 左右，参数设置如图 12-23 所示。

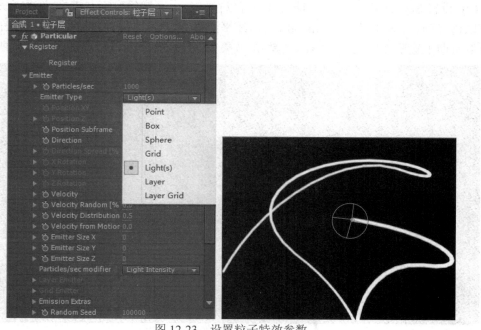

图 12-23　设置粒子特效参数

(7) 打开粒子选项，选择 Particle Type(粒子类型)为 Streaklet(烟雾)，设置 Size(尺寸)为 25 左右、Life[sec](粒子的生命值)为 1.5、Set Color(设置颜色)为 From Light Emitter(根据光照发射)、Transfer Mode(应用模式)为 Add(加强)，如图 12-24 所示。

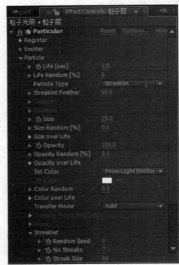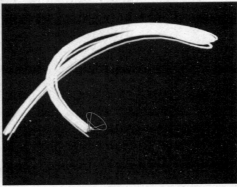

图 12-24　设置粒子选项的参数

(8) 如果想改变光带的颜色，可以回到灯光的设置选项，改变灯光的颜色就可以了(因为是加强模式，所以颜色可以调得暗一些)，如果想要更细腻的效果，可以调大每秒的粒子数量，如果想要柔和或立体的效果，可以改变羽化值，如果想要较粗或较细的光带，可以调节尺寸的大小，设置过程中可以根据实际效果进行适当的参数调节。

(9) 设置 Size Over Life(生命期尺寸)，可以在红色上面按住鼠标左键拖动，自定义设置。也可以选择预设，多使用几次 Smooth，对曲线平滑进行，选择 Copy(复制)。打开 Opacity Over Life(生命期不透明度)，选择 Paste(粘贴)，效果如图 12-25 所示，形成美丽的拖尾曲线。

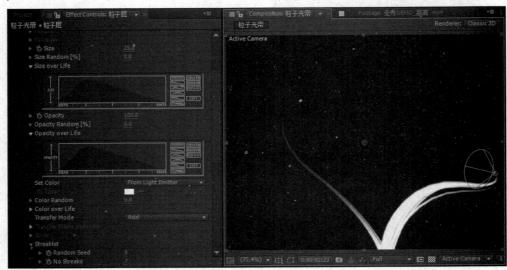

图 12-25　设置参数

（10）有的地方线条比较僵硬，是因为很多粒子挤在一起形成的。可以在 Emitter(发射器)中接着调节 Position SubFrame(位置子帧)为 10×Line(10 倍线性)，一般情况下就可以了，如果还想优化，可以选择 10×Smooth，也可以选择 Exact，但相对来讲会比较慢。

（11）设置 Aux system(辅助系统)，在 Emit(发射)中选择 Continuously(连续)，参数设置如图 12-26 所示。

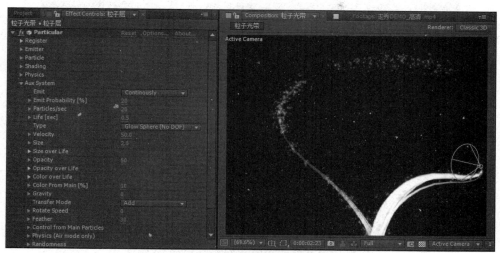

图 12-26　设置辅助系统参数

（12）设置 Color over Life(生命期的颜色)，选择黑白设置为开始和结束的颜色，Color From Main(继承主体颜色)设置为 10，Transfer Mode(应用模式)设置为 Add(相加)，并设置 Control from Main Particles(控制继承主体粒子)和 Randomness(随机)选项下的参数值，如图 12-27 所示。

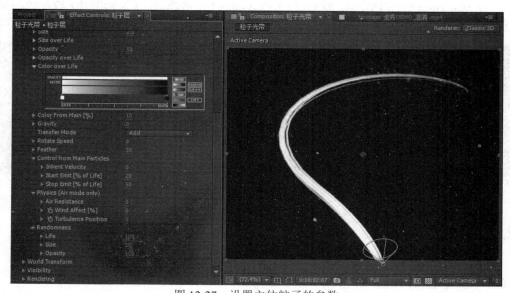

图 12-27　设置主体粒子的参数

(13) 在实际操作过程中，可以根据实际效果进行参数微调。

(14) 选择 Emitter 灯光图层，选择 Edit(编辑)>Duplicate(复制)命令，将灯光层复制两层。按快捷键 U，打开三层灯光的关键帧设置，改变 Wiggle 的参数设置。打开灯光的设置，分别设置不同的灯光颜色，预览的具体光带效果如图 12-28 所示。

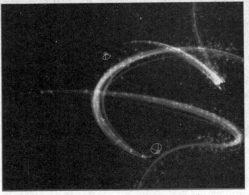

图 12-28　设置灯光参数和颜色

(15) 导入视频背景素材，放置在合成窗口的最下方，在合成窗口条的空白区域单击右键，选择 Columns(栏)中的 Stretch(扩展)选项，将素材的时间长度拉长至 10 秒，预览实际的粒子光带效果，如图 12-29 所示。

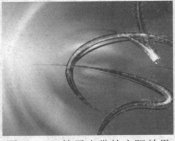

图 12-29　粒子光带的实际效果

12.4　地球特效

12.4.1　文字图层设置

(1) 选择 Composition(合成)>New Composition(新建合成)命令，弹出 Composition

Setting 对话框，命名为"earth"，设置 Preset 为 PAL D1/DV，帧尺寸为 720×576，持续时间为 10 秒，单击 OK 按钮保存设置。

(2) 导入素材文件夹，将素材按照顺序排列在合成窗口中，最近的一张放在顶部，最远的一张放在底部，关闭除层 1 和层 2 之外的所有图层的眼睛开关，如图 12-30 所示。

图 12-30　排列素材

(3) 将图层 1 的不透明度设置为 60%，将图层 1 缩小移动到与图层 2 重合，将图层 1 和图层 2 进行父子链接，如图 12-31 所示。

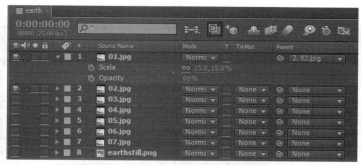

图 12-31　将图层 1 与图层 2 重合

(4) 依次关闭图层 1 的眼睛开关，点开图层 3 的眼睛开关，重复进行上述操作，将上一层重合叠加在下一层上，同时建立父子链接，依次将图片一直重合到最后一张的地球图片上。全选中所有图层，将不透明度设置为 100%，选择父子链接中的 None，关闭所有的父子链接。选择除了图层 1 之外的所有图层，父子链接到图层 1，如图 12-32 所示。

图 12-32　父子链接到图层 1

（5）选择图层 1，展开 Transform(变换)，对 Scale(缩放)设置关键帧，6 秒位置设置关键帧为当前缩放值，0 秒设置为 100%。同时选中这两个关键帧，单击右键，选择 Keyframe Assistant(关键帧辅助)>Exponential Scale(指数缩放)命令，实现由慢到快的缩放效果，如图 12-33 所示。

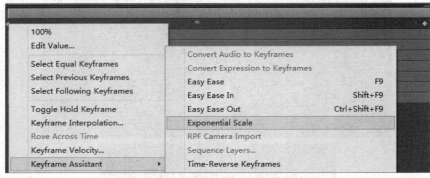

图 12-33　设置关键帧运动的指数缩放

（6）选择图层 1，绘制椭圆形遮罩，并设置参数，实现边缘的柔化效果，如图 12-34 所示。

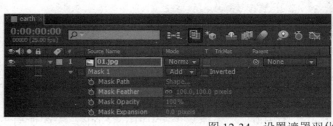

图 12-34　设置遮罩羽化

（7）依次对其余的图层进行相同的处理，使得图层之间相互融合在一起。选择第 7 图层，添加 Effect(效果)>Color Correction(色彩校正)>Hue/Saturation(色相/饱和度)特效，使整个画面的色彩融为一体，如图 12-35 所示。

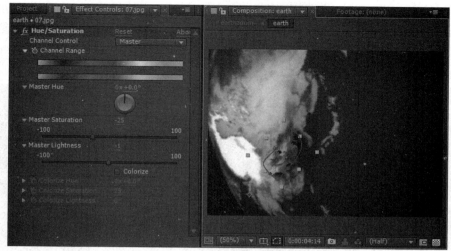

图 12-35 调整色彩一致设置

(8) 选择 earthStill 图片，绘制圆形遮罩，如图 12-36 所示。

图 12-36 设置圆形遮罩

(9) 在合成窗口的空白位置，单击鼠标右键，选择 New(新建)>Null Object(空物体)命令，新建一个空物体层，命名为 "rotation"，设置旋转关键帧 0 秒为 0°，5 秒为 180°，与图层 1 建立父子链接，使图层 1 根据空物体层移动，如图 12-37 所示。

图 12-37 设置空物体层

(10) 在合成窗口的空白位置单击鼠标右键，选择 New(新建)>Solid(固态层)命令，新建一个固态层，命名为"stars"，添加 Effect(效果)>Noise & Grain(噪波与增益)>Fractal Noise(分形噪波)特效，Fractal Type(分形类型)选择 Basic，Noise Type(噪波类型)选择 Soft Linear，设置 Contrast(对比度)为 369，Brightness(亮度)为-167、Complexity(复杂度)为 6.0，参数如图 12-38 所示。将"stars"图层移动到合成窗口的最下方，与图层 1 建立父子链接，同步图层 1 的运动属性。

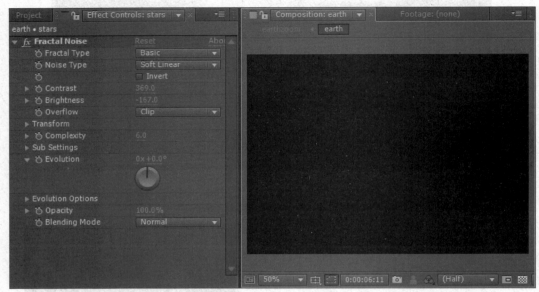

图 12-38　制作星空的效果

(11) 在合成窗口的空白位置单击鼠标右键，选择 New(新建)>Solid(固态层)命令，新建一个固态层，命名为"cloud1"，设置为 1500×1500，添加 Effect(效果)>Noise & Grain(噪波与增益)>Fractal Noise(分形噪波)特效，参数如图 12-39 所示。

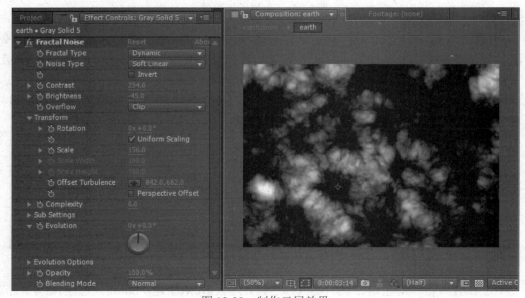

图 12-39　制作云层效果

(12) 选择"cloud1"图层，展开 Transform(变换)属性，添加 Scale(缩放)属性，设置关键帧，3 秒为 1500%，4 秒为 10%。选中两个关键帧单击右键，选择 Keyframe Assistant(关键帧辅助)>Exponential Scale(指数缩放)命令，实现由慢到快的缩放效果。设置 Opacity(不透明度)属性关键帧，设置参数为(0，100%，100%，0)。将"cloud1"图层与空物体层设为父子链接，如图 12-40 所示。

图 12-40　设置云层属性关键帧

(13) 选择"cloud1"图层，选择 Edit(编辑)>Duplicate(复制)命令，复制云层，命名为"cloud2"和"cloud3"，修改分形噪波的特效参数，如图 12-41 所示，达到云层层层叠叠的效果。

图 12-41　设置云层的特效参数

(14) 在 3 个云层上绘制遮罩，使得云层柔和叠加，选择 3 个云层与空物体层进行父子链接，如图 12-42 所示。

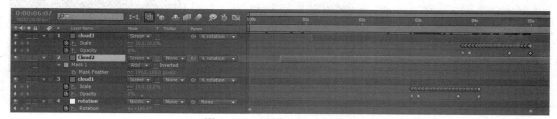

图 12-42　设置云层柔化效果

(15) 选择 Composition(合成)>New Composition(新建合成)命令，弹出 Composition Setting 对话框，命名为"earthzoom"，设置 Preset 为 PAL D1/DV，帧尺寸为 720×576，持续时间为 10 秒，单击 OK 按钮保存设置。将"earth"合成图层拖放至合成窗口，选中图层并单击鼠标右键，选择 Effect(效果)>Expression Controls(表达式控制)>Slider Control(滑杆控制)命令，如图 12-43 所示。

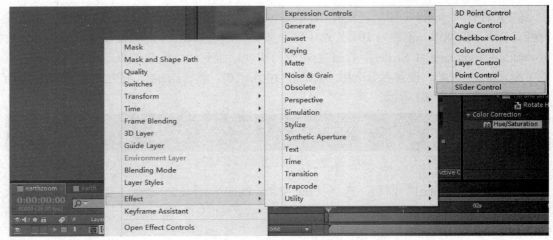

图 12-43　添加表达式控制

(16) 展开 Transform(变换)属性，选择 Position(位移)属性，按住 Alt+⏱，打开位移表达式，输入"wiggle(10,effect("Slider Control")("Slider"))"，设置滑杆控制的参数，分别是(0，5，5，0)4 个选项，如图 12-44 所示。

图 12-44　设置位移表达式

(17) 地球特效的实际效果如图 12-45 所示。

图 12-45　实际效果

12.4.2　制作旋转的地球

(1) 选择 Composition(合成)>New Composition(新建合成)命令，弹出 Composition Setting 对话框，命名为"earth2"，设置 Preset 为 PAL D1/DV，帧尺寸为 720×576，持续时间为 10 秒，单击 OK 按钮保存设置。导入"07.jpg"和云层图片，选择云层图片，设置 Mode(模式)为 Screen(屏幕)，去掉黑背景。

(2) 为两个图层分别添加 Effect(效果)>Stylize(风格化)>Motion Tile(运动分布)特效，设置 The Center(中心点)关键帧，从左侧运动到右侧，如图 12-46 所示。

图 12-46　设置图片的运动

(3) 打开"earthzoom"合成图层，将"earth2"合成图层拖曳到合成窗口中，重命名为"master"，添加 Effect(效果)>Perspective(透视)>CC Sphere(CC 球形)特效至"master"合成图层上，设置 Light Intensity(亮光强度)为 24。添加 Effect(效果)>Stylize(风格化)>Glow(辉光)特效，将 Glow Based on(辉光基于)设置为 Alpha Channel(Alpha 通道)，Glow Threshold(眩光阈值)设置为 60%，Glow Radius(眩光半径)设置为 65，Glow Intensity(眩光强度)设置为 1.0，Composite Original(复合)设置为 On Top(在上面)，Glow Colors(眩光颜色)设置为 A & B color，并设置 Color A 为蓝色，Color B 为白色，如图 12-47 所示。

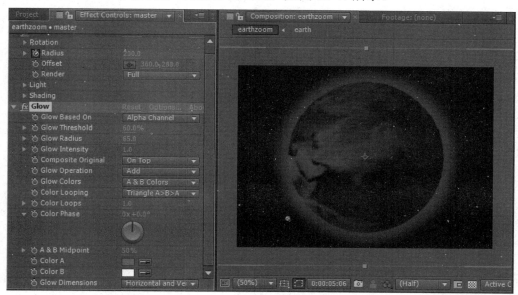

图 12-47　设置地球星云效果

(4) 在合成窗口的空白位置单击鼠标右键，选择 New(新建)>Solid(固态层)命令，新建一个固态层，命名为"cloud"，添加 Effect(效果)>Noise & Grain(噪波与增益)>Fractal Noise(分形噪波)特效，Fractal Type (分形类型)选择 Basic，Noise Type(噪波类型)选择 Soft Linear，设置 Contrast(对比度)为 60、Brightness(亮度)为 25、Complexity(复杂度)为 6.0，设置 Offset(偏移)和 Evolution(生长)参数的关键帧，制作云层流动变换的效果，参数如图 12-48 所示。

(5) 添加 Effect(效果)>Color Correction(色彩校正)>Hue/Saturation(色相/饱和度)特效，勾选 Colorize(彩色化)，设置蓝色效果，参数如图 12-49 所示，制作云层效果。设置"cloud"图层的 Mode(模式)为 Hard Light(强光)，在下方绘制矩形遮罩，设置遮罩的羽化值，同时降低图层的不透明度为 25%。

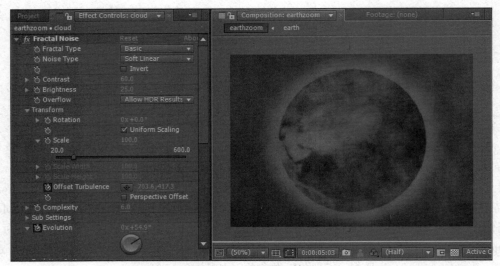

图 12-48　设置星云效果

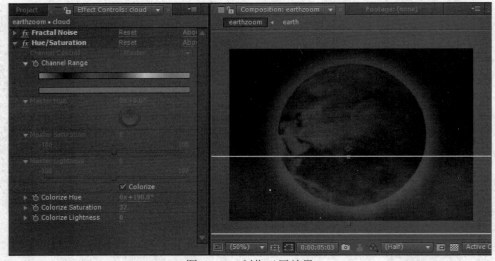

图 12-49　制作云层效果

(6)　在合成窗口的空白位置单击鼠标右键，选择 New(新建)>Solid(固态层)命令，新建一个固态层，命名为"stars"，添加 Effect(效果)>Noise & Grain(噪波与增益)>Fractal Noise(分形噪波)特效，Fractal Type(分形类型)选择 Basic，Noise Type(噪波类型)选择 Soft Linear，设置 Contrast(对比度)为 370、Brightness(亮度)为-170、Complexity(复杂度)为 6.0，制作星光效果，参数如图 12-50 所示。

(7)　选择"master"合成图层，选择 Edit(编辑)>Duplicate(复制)命令，复制地球，命名为"earth1"和"earth2"。展开两个图层的 CC Sphere 参数，添加 Rotation Y 和 Radius(半径)的表达式(按住 Alt+ Radius 的关键帧图标，激活表达式，拖曳橡皮筋到"Master earth"图层的 Radius 上)，设置如图 12-51 所示的父子链接。

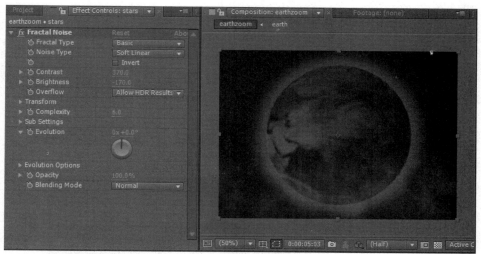

图 12-50　制作星光效果

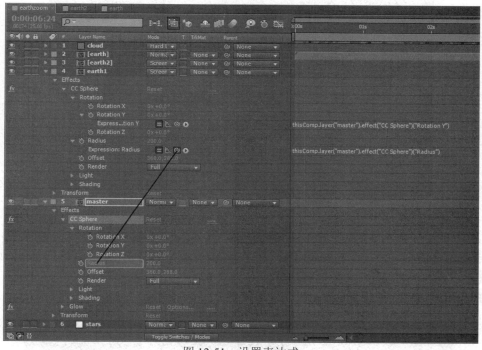

图 12-51　设置表达式

(8) 选择"master"合成图层，展开 CC Sphere 的参数，设置 Radius(半径)关键帧，在开始位置设置图像缩放大小与"earth"图层吻合，5 秒位置设置为 150%。设置"earth"图层的 Opacity(不透明度)关键帧，重合位置为 100%，5 秒位置为 0，如图 12-52 所示。

(9) 展开"earth1"合成图层，展开 CC Sphere 的参数，设置 Light(亮度)关键帧，开始位置设置为 25%，5 秒设置为 100%，调节模式为 Screen(屏幕)。展开"earth2"合成图层，展开 CC Sphere 的参数，设置 Light(亮度)为 0，调节模式为 Screen(屏幕)，参数如图 12-53 所示。

图 12-52　设置旋转地球的重合

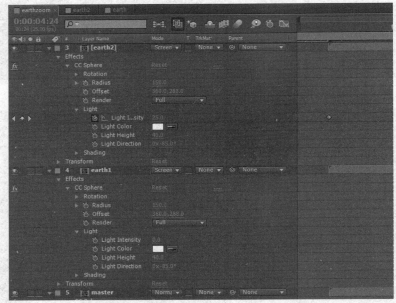

图 12-53　设置地球边缘的亮度

(10) 在合成窗口的空白位置单击鼠标右键，选择 New(新建)>Solid(固态层)命令，新建一个固态层，命名为"光"，添加 Effect(效果)>Generate(生成)>Lens Flare(镜头眩光)特效，调整 Flare Center(眩光中心)在地球的背面，设置 Flare Brightness(眩光亮度)为 60%，设置 Lens Type(镜头类型)为 105mm Prime，效果如图 12-54 所示。

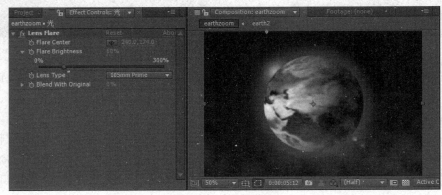

图 12-54　设置眩光

(11) 预览实际的效果，如图 12-55 所示。

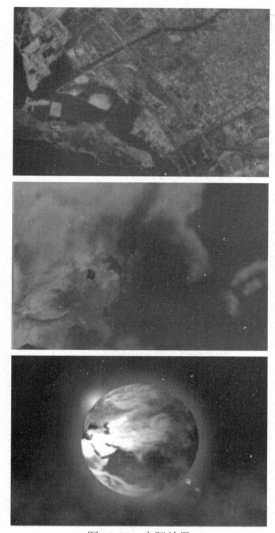

图 12-55　实际效果